Leila Fatima Corrêa Job

Educação Ambiental

AF153810

Leila Fatima Corrêa Job

Educação Ambiental

A trajetória dos agricultores da Lagoa do Junco, Tapes - RS

Novas Edições Acadêmicas

Impressum / Impressão
Bibliografische Information der Deutschen Nationalbibliothek: Die Deutsche Nationalbibliothek verzeichnet diese Publikation in der Deutschen Nationalbibliografie; detaillierte bibliografische Daten sind im Internet über http://dnb.d-nb.de abrufbar.
Alle in diesem Buch genannten Marken und Produktnamen unterliegen warenzeichen-, marken- oder patentrechtlichem Schutz bzw. sind Warenzeichen oder eingetragene Warenzeichen der jeweiligen Inhaber. Die Wiedergabe von Marken, Produktnamen, Gebrauchsnamen, Handelsnamen, Warenbezeichnungen u.s.w. in diesem Werk berechtigt auch ohne besondere Kennzeichnung nicht zu der Annahme, dass solche Namen im Sinne der Warenzeichen- und Markenschutzgesetzgebung als frei zu betrachten wären und daher von jedermann benutzt werden dürften.

Informação biográfica publicada por Deutsche Nationalbibliothek: Nationalbibliothek numera essa publicação em Deutsche Nationalbibliografie; dados biográficos detalhados estão disponíveis na Internet: http://dnb.d-nb.de.
Os outros nomes de marcas e produtos citados neste livro estão sujeitos à marca registrada ou a proteção de patentes e são marcas comerciais registradas dos seus respectivos proprietários. O uso dos nomes de marcas, nome de produto, nomes comuns, nome comerciais, descrições de produtos, etc. Inclusive sem uma marca particular nestas publicações, de forma alguma deve interpretar-se no sentido de que estes nomes possam ser considerados ilimitados em matérias de marcas e legislação de proteção de marcas e, portanto, ser utilizadas por qualquer pessoa.

Coverbild / Imagem da capa: www.ingimage.com

Verlag / Editora:
Novas Edições Acadêmicas
ist ein Imprint der / é uma marca de
OmniScriptum GmbH & Co. KG
Heinrich-Böcking-Str. 6-8, 66121 Saarbrücken, Deutschland / Niemcy
Email / Correio eletrônico: info@nea-edicoes.com

Herstellung: siehe letzte Seite /
Publicado: veja a última página
ISBN: 978-3-639-69707-0

EDUCAÇÃO AMBIENTAL:
A TRAJETÓRIA DOS AGRICULTORES
DA LAGOA DO JUNCO – TAPES, RS

Leila Fatima Corrêa Job

1

Dedico este trabalho aos meus amados filhos, dádivas de Deus, Renata e Paulo Filho, e ao meu esposo Paulo Job, que sempre me incentivou na vida profissional e acadêmica.

A palavra viva é dialogo existencial. Expressa e elabora o mundo, em comunicação e colaboração. O diálogo autêntico – reconhecimento do outro e reconhecimento de si, no outro – é decisão e compromisso de colaborar na construção do mundo comum. Não há consciências vazias; por isto os homens não se humanizam, senão humanizando o mundo. [...] somente na medida em que os homens criam o seu mundo, que é mundo humano, e o criam com seu trabalho transformador, eles se realizam. A realização dos homens, enquanto homens, está, pois, na realização deste mundo.

Paulo Freire (1987, p. 20; 142)

3

Apresentação

Este estudo ocorreu no assentamento Lagoa do Junco no município de Tapes, Rio Grande do Sul. A comunidade estudada realizou uma caminhada importante desde a posse da terra até os dias atuais e obteve muitas conquistas na produção orgânica de alimentos, uma delas na saúde dos trabalhadores. Mudou paradigma passando da produção convencional para a agroecológica e superou muitos desafios e dificuldades.

Neste estudo buscou-se compreender essa caminhada e a relação existente entre educação ambiental e organização em cooperativa, numa sociedade sustentável.

Adotou-se como metodologia a observação participante e entrevistas não-estruturadas, realizadas de maneira não-formal. A análise textual discursiva deu origem a três categorias: descrição do ambiente, hábitos e costumes da comunidade; observação se há ou não conflito entre educação ambiental, educação formal e educação não-formal; a trajetória da comunidade até a sustentabilidade através da produção orgânica de alimentos e organização em cooperativa.

Por último a conclusão do relato da comunidade estudada, que indica evolução para a sustentabilidade devida à mudança de paradigma, ao passar da forma convencional de produção de alimentos para a agroecológica.

Verificou-se também que a educação ambiental não-formal concretiza-se na prática do cotidiano como complementação à educação formal, do currículo escolar.

Sumário

Lista de Siglas

AGAPAN – Associação Gaúcha de Preservação Ambiental Natural

APP – Área de Preservação Permanente

CNUMAD – Conferência das Nações Unidas sobre o Meio Ambiente e Desenvolvimento

CONAB – Companhia Nacional de Abastecimento

COOPAT – Cooperativa dos Assentados de Tapes

EA – Educação Ambiental

EJA – Educação de Jovens e Adultos

EMBRAPA – Empresa Brasileira de Pesquisa Agropecuária

INCRA - Instituto Nacional de Reforma Agrária

ITERRA – Instituto Técnico de Capacitação e Pesquisa da Reforma Agrária

MEC – Ministério da Educação e Cultura

MST – Movimento dos Trabalhadores Rurais Sem Terra

ONGs – Organizações Não-Governamentais

PNUD - Programa das Nações Unidas para o Desenvolvimento

PRONEA – Programa Nacional de Educação Ambiental

SEMA – Secretaria Estadual de Meio Ambiente

UERGS – Universidade do Estado do Rio Grande do Sul

1 - Introdução

A presente pesquisa foi realizada na comunidade do assentamento Lagoa do Junco situada em Tapes – Rio Grande do Sul, Brasil.

O interesse em realizar um estudo sobre essa comunidade surgiu por conhecer o local e ter ali feito algumas visitas com professores e alunos da Escola Estadual Dom Feliciano, na qual trabalho. Agendadas pela escola, tais visitas caracterizavam-se como saídas de campo e posteriormente sobre elas eram trabalhados temas sociais e de educação ambiental (EA).

Desde a primeira visita sobressaiu tanto o modo coletivo e cooperativo dessa comunidade trabalhar como o de se relacionar com o meio ambiente.

O presente estudo teve por objetivo geral compreender, por meio da trajetória do assentamento Lagoa do Junco, a relação existente entre EA e organização em cooperativa numa sociedade sustentável. Os objetivos específicos traçados foram: registrar a trajetória da comunidade do assentamento Lagoa do Junco; descrever como ocorre o desenvolvimento sustentável na prática cotidiana de uma comunidade cooperativada e sustentável; reconhecer possíveis conflitos entre educação formal e EA praticadas no assentamento; identificar como ocorre a EA numa comunidade sustentável.

Em consonância com os objetivos a pesquisa procurou responder ao problema: Qual a relação existente entre EA e organização de agricultores em cooperativa numa sociedade sustentável?

O período pesquisado coincide com o da posse da terra, que ocorreu de 1995 a 2009.

A autora deste estudo se propôs a permanecer na comunidade-alvo durante duas semanas, a fim de observar e registrar sua dinâmica.

No presente trabalho apresenta-se no primeiro capitulo a fundamentação teórica que inicia com a contextualização da EA no Brasil e no Rio Grande do Sul. Depois, evidenciam-se alguns desafios da escola e da educação para a ecologia. Após, expõe-se a fundamentação sobre sociedade e sustentabilidade com os conceitos necessários ao desenvolvimento do trabalho.

Na sequência, o capítulo sobre a metodologia da pesquisa apresenta: estruturação e desenvolvimento da pesquisa; os sujeitos da pesquisa; instrumento de coleta de dados; diário de campo da pesquisadora; registro das entrevistas; metodologia da análise de dados.

Da análise dos dados emergiram três categorias apresentadas em diferentes capítulos:

7

descrição do ambiente, dos hábitos e costumes da comunidade; observação da existência ou não de conflito entre EA, educação formal e educação não-formal; trajetória dessa comunidade para a sustentabilidade com a produção orgânica de alimentos.

Assim, no terceiro capitulo, descreve-se o lugar; registram-se os relatos dos agricultores obtidos em entrevistas feitas pela pesquisadora; explana-se sobre a organização dos trabalhadores, as dificuldades encontradas, a superação dos obstáculos impostos pelas adversidades do local, o desafio da vivência no coletivo e as observações feitas sobre o cotidiano dos moradores do local.

No quarto capitulo expõe-se sobre educação formal, ofertada nas escolas públicas e privadas, educação não-formal realizada por organizações não-governamentais (ONGs), sindicatos, igrejas, movimentos sociais e outros; a escolarização e a educação não-formal dos primeiros assentados.

No quinto capítulo, busca-se a compreensão do caminho percorrido por essa comunidade para superação de velhas crenças para chegar à sustentabilidade; o que os inspirou para se organizarem na produção orgânica e na preservação do meio ambiente de maneira a não prejudicar aqueles que receberam lotes dentro de áreas de preservação permanente.

Nas considerações finais, retomando as discussões apresentadas, responde-se à questão inicialmente proposta.

2 - Fundamentação Teórica

O embasamento teórico fundamenta-se na literatura sobre EA, educação formal e não-formal, meio ambiente e sustentabilidade.

A fundamentação teórica é o resultado de leituras que serviram para dar inicio à pesquisa. Na medida em que se foi desenvolvendo o trabalho surgiu a necessidade de novos autores, os quais contribuíram para a evolução das ideias.

2.1 - Educação Ambiental

Segundo Dias (1992, p. 23), educação ambiental é "[...] o conjunto de ações educativas voltadas para a compreensão da dinâmica dos ecossistemas, considerando os efeitos da relação do homem com o meio, a determinação social, a evolução histórica dessa relação".

A EA tornou-se uma preocupação, há aproximadamente três décadas, com a crise ambiental. O primeiro experimento com a bomba atômica, em julho de 1945, ocorrido no deserto de Los Alamos, Novo México, Estados Unidos, é considerado o marco simbólico da ecologização.

A possibilidade de um instrumento destruir não somente o homem, mas todas as espécies de seres vivos e o planeta, despertou a preocupação e, consequentemente, a busca de uma maneira de sensibilização para a conscientização com a EA (GRÜN, 2007).

A bomba atômica foi um marco na história e atraiu a atenção do mundo. Conforme Boff (2003, p. 32),

> Antes, os humanos se permitiam fazer guerras convencionais, explorar os recursos naturais, desmatar, jogar lixo nos rios e gases na atmosfera, e não havia grandes modificações ambientais. A segurança tranquila assegurava que a Terra era inesgotável e invulnerável, e que a vida continuaria a mesma e para sempre em direção ao futuro. Esse pressuposto não existe mais.

A partir da Segunda Guerra Mundial, o mundo sofreu drástica alteração, pois esse acontecimento, paradoxalmente, alertou para a possibilidade de uma destruição total do planeta. No pós-guerra, os agrotóxicos passaram a ser usado como uma maneira de aproveitar a tecnologia desenvolvida para a guerra.

Na década de 60, acentuou-se o uso de pesticidas na agricultura, o que trouxe, entre outras consequências, o desaparecimento de espécies animais que se alimentavam de

9

sementes, como pássaros. Segundo Dias,

> Em 1962 a jornalista Rachel Carson lançava seu livro *Primavera Silenciosa* – que se tornaria um clássico na história do ambientalismo mundial - com grande repercussão. Ela tratava da perda da qualidade de vida produzida pelo uso indiscriminado e excessivo dos produtos químicos e os efeitos dessa utilização sobre os recursos ambientais. (1992, p. 25)

No ano de 1997, na Geórgia, URSS, ocorreu a Conferência de Tbilisi da qual, segundo Dias (1992, p. 27), "[...] produto mais importante foi a declaração sobre a Educação Ambiental, documento técnico que apresentava as finalidades, objetivos, princípios orientadores e estratégias para o desenvolvimento da EA".

A América Latina passou a se organizar em termos de EA, em 1979, com o "Encontro de Educação Ambiental para a América Latina", realizado na Costa Rica, tendo sido organizada uma série de seminários regionais de EA para professores, planejadores educacionais e administradores, promovidos pela Organização das Nações Unidas para a Educação, a Ciência e a Cultura (UNESCO)(DIAS, 1992).

2.2 - O Surgimento de movimentos ecológicos no Brasil

O movimento ecológico surgiu no Brasil, no final da década de 70, com o inicio do retorno dos exilados políticos, com os quais, nas palavras de Grün(1996, p. 18), "[...] chegam também muitas ideias sobre meio ambiente com as quais esses militantes de esquerda haviam tomado contato na Europa e nos Estados Unidos durante os anos 70".

O processo de institucionalização da EA, no governo federal brasileiro, teve início em 1973, com a criação, no Poder Executivo, da Secretaria Especial do Meio Ambiente (SEMA), vinculada ao Ministério do Interior.

Em 1979, o Ministério da Educação e Cultura (MEC) publicou uma proposta para o ensino básico. Esse documento nomeado'ecologia' causou muita polêmica pela forma reducionista de abordagem da questão ambiental (DIAS, 1992).

A primeira conquista do movimento ambientalista brasileiro ocorreu, em 1981, durante a ditadura militar, com a publicação da Lei 6.938, que dispunha sobre a política nacional do meio ambiente, seus fins e mecanismos de formulação e aplicação. Essa lei consolidou a política ambiental e fortaleceu os movimentos ecológicos no Brasil (Idem).

Em julho de 1992, foi realizada, no Rio de Janeiro, a Conferência das Nações Unidas sobre Meio Ambiente e Desenvolvimento (CNUMAD), a 'Eco-92', considerada a maior reunião com fins pacíficos até então efetivada. A Declaração do Rio e a Agenda 21 reforçaram o conceito de desenvolvimento sustentável e de progresso econômico e material, tanto por levar em consideração a questão ecológica como por introduzir o objetivo de paz e de desenvolvimento social.

De acordo com Godoy (2001, p. 96),

> Nessa conferência houve a incorporação de desenvolvimento sustentável nos discursos governamentais. A reunião oficial produziu três documentos, que devido a divergências tornaram-se apenas cartas de intenções, que não tem o caráter de execução obrigatória e servem mais como uma orientação. São eles: 1) A Convenção sobre Mudanças Climáticas; 2) A Convenção sobre a Diversidade Biológica; 3) A Declaração de Florestas.

Dez anos após a Rio92, reuniu-se em Johanesburgo, África do Sul, a cúpula mundial para o desenvolvimento sustentável - a Rio+10 - que garantiu um novo acordo para um mundo social, ambiental e econômico sustentável.

No ano de 1999, a Lei nº 9.795, de 27 de abril, dispôs sobre a EA e instituiu a Política Nacional de Educação Ambiental. Em seu primeiro artigo, é assim definida EA:

> Art. 1º - Entende-se por educação ambiental os processos por meio dos quais o indivíduo e a coletividade constroem valores sociais, conhecimentos, habilidades, atitudes e competências voltadas para a conservação do meio ambiente, bem de uso comum do povo, essencial á sadia qualidade de vida e sua sustentabilidade.

2.3 - Ecologia no Rio Grande do Sul

No Rio Grande do Sul, em 1981, um grupo de ativistas ambientais criou a Associação Gaúcha de Preservação Ambiental Natural (AGAPAN). Ela tornou-se uma das mais importantes associações do estado e ficou especialmente conhecida por reunir ecologistas que lutaram contra uma empresa multinacional de celulose, portadora de um discurso desenvolvimentista, que poluía as águas do Lago Guaíba, cuja instalação acontecera sem prévia discussão com a sociedade e que intensificara os problemas ambientais.

O movimento ambiental gaúcho ganhou mais força quando Lutzemberger, ex-agrônomo de uma grande empresa multinacional de agrotóxicos, rompeu com a perspectiva da agroquímica e assumiu intensamente a causa ecológica e social.

11

No meio rural os campos usados para agropecuária aos poucos foram se transformando em lavouras. Com a monocultura, produção em grande escala principalmente visando à exportação, o agronegócio passou a predominar.

O uso de agrotóxicos e fertilizantes químicos inorgânicos trouxe uma gama de problemas, como a poluição das águas e do solo.

Muitas dessas práticas nocivas ainda predominam, embora tenha sido promulgada a Lei estadual nº 11. 520, de agosto de 2000, que instituiu o Código Estadual do Meio Ambiente do Estado do Rio Grande do Sul, na qual consta:

> Art. 1- Todos têm direito ao meio ambiente ecologicamente equilibrado, bem de uso comum do povo e essencial à sadia qualidade de vida, impondo-se ao Estado, aos municípios, à coletividade e aos cidadãos o dever de defendê-lo, preservá-lo e conservá-lo para as gerações presentes e futuras, garantindo-se a proteção dos ecossistemas e o uso racional dos recursos ambientais, de acordo com a presente Lei.

2.4 - Desafios da Educação da Ecologia e da Escola

A educação formal pode ser explicitada como aquela que está presente no ensino escolar institucionalizado. A educação-não formal pode ser definida como qualquer tentativa educacional organizada e sistemática que, normalmente, se realiza fora dos quadros do sistema formal de ensino. A EA deve ser desenvolvida como educação formal e não-formal, constituindo-se em um desafio para educadores.

Este é um tema a ser trabalhado de forma interdisciplinar, abrangendo todas as áreas do conhecimento. Conforme Santos (2007, p. 125):

> A Educação Ambiental pode desenvolver-se em diferentes âmbitos e, com estratégias distintas, em uma ampla gama de possibilidades que oscila desde situações altamente planejadas, com uma função educativa explícita, até outras em que o conteúdo educativo está somente latente e não tem sido considerado de modo intencional. Em uma sociedade complexa, como a que estamos vivendo, essas distintas formas educativas não são excludentes, mas complementares.

A Constituição Brasileira de 1988, no capítulo VI, Art. 255, parágrafo 1, diz que cabe ao Poder Publico "[...] promover a educação ambiental em todos os níveis de ensino e a conscientização pública para a preservação do meio ambiente".

O Programa Nacional de Educação Ambiental (PRONEA) adota, como uma de suas linhas de ação, a comunicação para a EA, assim descrevendo sua função: "[...]

12

produzir, gerir e disponibilizar, de forma interativa e dinâmica, as informações relativas à educação ambiental".

A escola não deve ser a única responsável pela EA; cabe também à sociedade assumir a responsabilidade de orientação correta sobre produção e consumo, recursos renováveis e não-renováveis. Igualmente, os meios de comunicação deveriam ser mais comprometidos com a questão ambiental.

Ecologia e EA são o primeiro passo para a sustentabilidade, requerendo planejamento permanente, visando à aplicação do conhecimento para que se possa mudar a maneira de pensar e agir.

Reigota (2008 p. 54) afirma:

> Como educadores, devemos ter sempre presente que conscientização ambiental é muito mais que campanhas, programas e projetos, geralmente envolvendo temas como 'lixo', 'água', 'poluição', como se fossem demandas isoladas. O que devemos despertar na comunidade escolar é o fato de que a biodiversidade é muito importante, mais importante é que somos uma espécie que compõe esta biodiversidade.

A questão ambiental não pode, portanto, estar desconectada da questão social e cultural. Santos (2007, p 126) afirma que a "Educação Ambiental Não-Formal é aquela que, sendo intencional [...], não se desenvolve no âmbito de instituições educativas e planos de estudos reconhecidos oficialmente [...]".

2.5 - Sociedade e Sustentabilidade

De acordo com Gadotti (2008, p. 14),"[...] sustentabilidade é, para nós, o sonho de bem viver; sustentabilidade é equilíbrio dinâmico com o outro e com o meio ambiente, é harmonia entre os diferentes".

Os movimentos ambientais, desde suas origens questionam os valores da sociedade capitalista, seu modo de produção, a exploração do homem e do meio ambiente.

Santos (2007, p. 33) explica:

> A partir da percepção do homem de que os impactos causados ao meio ambiente estavam afetando a qualidade de vida no planeta, começa-se a pensar em um novo modelo de desenvolvimento, capaz de atender as necessidades do presente sem comprometê-las nas gerações futuras, mantendo a capacidade de recuperação do planeta pela definição do uso racional dos recursos, bem como a agregação de valores sociais, econômicos e culturais.

Os recursos naturais não-renováveis são finitos e, portanto, deve haver preocupação com seu uso adequado e racional.

A reflexão sobre sustentabilidade passa pela reflexão sobre os meios de produção. Ruscheinski (2002, p. 130) afirma:

> Para a sociedade civil, em especial os segmentos diretamente ligados ao modelo produtivo, ecológico e sustentável, urgente faz-se consolidar imediatamente a discussão, buscando a união de esforços. [...] Um passo importante nesse sentido consiste em intervir junto ao Estado e à sociedade civil, buscando viabilizar a agricultura familiar [...].

A responsabilidade de produzir sem degradar o ambiente, respeitando a biodiversidade, tanto nas cidades como no meio rural, é de toda a sociedade.

Segundo o PRONEA, a ameaça à biodiversidade está presente em todos os biomas, em decorrência, principalmente, do desenvolvimento desordenado de atividades produtivas. A degradação do solo, a poluição atmosférica e a contaminação dos recursos hídricos são alguns dos efeitos nocivos observados.

Associam-se a isso um quadro de exclusão social e o elevado nível de pobreza da população. Muitas pessoas vivem em áreas de risco, como encostas, margens de rios e periferias industriais. É preciso também considerar que uma significativa parcela dos brasileiros tem uma percepção 'naturalizada' do meio ambiente, dele excluindo homens, mulheres, cidades e favelas.

Reverter esse quadro configura um grande desafio para a construção de um Brasil sustentável, entendido como um país socialmente justo e ambientalmente seguro.

Nota-se ainda o distanciamento entre a letra das leis e sua efetiva aplicação, sobretudo pelas dificuldades encontradas por políticas institucionais e movimentos sociais voltados à consolidação da cidadania entre segmentos sociais excluídos.

A agricultura familiar é uma maneira de manter o pequeno agricultor e sua família produzindo alimentos em pequenas propriedades, de forma digna, mas para isso é necessário apoio técnico na produção.

A agricultura sustentável é aquela que é capaz de produzir sem destruir ou poluir o ambiente.

Conforme Ruscheinski (2002, p. 128),

> [...] agricultura ecológica ou agroecologia apresenta-se como uma opção com setores bem específicos, nos quais se desenvolve uma outra perspectiva a propósito

do meio ambiente. A difusão deve-se principalmente ao agravamento dos problemas ambientais, ao debate proporcionado por setores sociais que priorizam questões do meio ambiente e às novas exigências dos consumidores.

A agricultura sustentável e orgânica é uma maneira de produção de alimentos sem o uso de produtos químicos inorgânicos como adubos e inseticidas, ou seja, sem agredir o meio ambiente, garantindo a segurança alimentar.

Tem havido expressivo aumento no número de projetos e práticas ecologicamente orientadas e documentadas de agricultura sustentável, provocando otimismo, no sentido de que possa haver um renascimento mundial da agricultura orgânica (CAPRA, 2003).

O desenvolvimento rural sustentável pressupõe o planejamento, de modo a viabilizar rentabilidade e progresso para os agricultores, pela utilização da terra de maneira eficiente, proporcionando impacto positivo sobre o meio ambiente e consequentemente sobre o homem e a sociedade.

Conforme Reigota (2008 p. 63),

> A agricultura orgânica e a agricultura ecológica procuram o equilíbrio entre as plantas cultivadas, os seres vivos do ecossistema e o desenvolvimento da vida do solo, de forma que ocorra uma interação harmoniosa entre o homem com o meio ambiente. Para atingir esse equilíbrio, a agricultura orgânica preconiza alguns princípios fundamentais: eliminação definitiva dos fertilizantes químicos, controle de pragas e doenças com pulverização de produtos naturais, incentivo de defesas naturais e promoção da biodiversidade.

Para que haja sensibilização e conscientização para o consumo sustentável, faz-se necessário questionar os valores da sociedade de consumo; ter clareza que a biodiversidade enriquece e mantém o equilíbrio e a harmonia da terra e de todos os seres vivos; buscar a participação de toda a sociedade.

15

3 - Metodologia da Pesquisa

Inicialmente, apresenta-se a abordagem metodológica da pesquisa, a qual foi qualitativa com características etnográficas.

Após, expõe-se sobre o processo de estruturação da pesquisa, os sujeitos participantes desta investigação, os instrumentos de coleta de dados e a forma de análise.

3.1 - Abordagem metodológica

A pesquisa realizada é qualitativa, portanto não buscou enumerar ou medir um evento nem empregou instrumento estatístico para analisar os dados. Ela foi realizada no ambiente natural com dados coletados diretamente na fonte. O caráter descritivo do estudo requereu a interação da pesquisadora com a rotina dos indivíduos pesquisados, em seu ambiente natural, visando entre outros objetivos à descrição da organização de uma comunidade (NEVES, 2006).

A pesquisa qualitativa está ligada à pesquisa social. Tendo surgido em estudos da Antropologia e da Sociologia, avançou para outras áreas, entre elas a Educação. A presente pesquisa buscou compreender, interpretar, analisar e registrar, em sua totalidade, os dados colhidos pela pesquisadora. A respeito das características da pesquisa qualitativa, Lüdke e André (1986, p. 12) afirmam:

> [...] característica importante apontada é o fato da pesquisa qualitativa buscar os dados em seu ambiente natural e, portanto, a habilidade e a experiência do pesquisador são fundamentais na coleta destes dados. Os dados coletados podem incluir entrevistas, fotografias, desenhos e extratos de vários tipos de documentos.

A pesquisa qualitativa é, portanto, abrangente e inclusiva, possui flexibilidade, tem como objetivo a compreensão das relações sociais e culturais.

O presente estudo teve como objeto uma comunidade de assentados dos Movimentos dos Trabalhadores Rurais Sem Terra (MST), que trabalha de forma cooperativada e coletiva e buscou a compreensão de como se comporta ou se manifesta essa comunidade na dinâmica cotidiana. "Essas abordagens têm em comum o fato de buscarem esmiuçar a forma como as pessoas constroem o mundo à sua volta, o que estão fazendo ou o que está lhes acontecendo em termos que tenham sentido e que ofereçam uma visão rica" (ANGROSINO, 2009, p. 8).

16

A pesquisa realizada foi definida como qualitativa, com característica etnográfica. No primeiro momento, ocorreu observação participante, depois foram realizadas entrevistas. Segundo Angrosino (Ibidem, p. 16),

> Etnografia significa literalmente a descrição de um povo. É importante entender que a etnografia lida com gente no sentido coletivo da palavra, e não com indivíduos. Assim sendo, é uma maneira de estudar pessoas em grupos organizados, duradouros, que podem ser chamados de comunidades ou sociedades.

Realizar uma pesquisa etnográfica é 'mergulhar' na cultura de um povo, escutá-lo, observá-lo, conviver com ele durante algum tempo. O pesquisador não deve se deixar envolver emocionalmente nessa cultura, para não perder o foco de seu trabalho nem a isenção necessária para fazer uma interpretação dos fatos observados e do material coletado. Essa abordagem de pesquisa "[...] refere-se à análise descritiva das sociedades humanas, primitivas ou agrárias, rurais e urbanas, grupos étnicos etc., de pequena escala" (LAKATOS, 2008, p. 112).

Na atual pesquisa, foram analisados dados coletados com os indivíduos entrevistados, trabalhadores rurais do assentamento Lagoa do Junco, os quais trabalham de forma coletiva e cooperativada, produzindo alimentos orgânicos, principalmente arroz.

Por terem sido considerados relevantes, todos os dados da pesquisa foram analisados, interpretados e registrados. A análise foi complexa, pois envolveu interpretação num contexto de muitas informações.

3.2 - Estruturação e desenvolvimento da pesquisa

"O objetivo inicial seria ganhar a confiança do grupo, fazer os indivíduos compreenderem a importância da investigação, sem ocultar o seu objetivo ou sua missão [...]" (LAKATOS, 2008, p. 196).

A pesquisadora já conhecia alguns indivíduos dessa comunidade, por ter participado de visitas com alunos da escola onde trabalhava e acredita que devido a isso houve receptividade por parte da comunidade.

No primeiro semestre de 2010, foram feitas as observações participantes e as entrevistas gravadas. Nas observações participantes, examinou-se o comportamento de todo o grupo pertencente à comunidade.

17

De acordo com Angrosino (2009, p. 56),

> Uma parte importante do instrumento de todo pesquisador bem preparado para a pesquisa de campo deve ser a sua capacidade de discernir claramente os seus próprios valores numa relação de respeito para com os outros, e de articular esses valores de modo que os potenciais 'colaboradores' da pesquisa possam efetivamente tomar uma decisão razoavelmente bem informada sobre se querem participar ou não de uma pesquisa.

A pesquisa começou com a observação participante e as descrições escritas, na tentativa de traçar uma visão geral da situação social e do que ocorre na comunidade. "A observação etnográfica [...] é feita em campo, em cenários de vida real. O observador tem assim, em maior ou menor grau, um envolvimento com aquilo que está observando" (Ibidem, p. 57).

A negociação com a comunidade ocorreu durante uma visita ao assentamento Lagoa do Junco para tratar a respeito da pesquisa de campo. Primeiro foi contatado o presidente da cooperativa que designou um dos membros da cooperativa para fazer a negociação, o qual sugeriu que a conversa fosse em sua residência.

A pesquisadora explicou-lhe o enfoque do estudo; como pretendia realizá-lo; as intenções de pesquisa; os princípios acadêmicos; a coleta de dados.

O cooperativado referiu que a cooperativa recebe com alguma frequência, estagiários e pesquisadores e revelou que ela possui uma política para esses casos. Os estudantes normalmente se hospedam com uma família e ajudam nos afazeres agrícolas e na manutenção da casa. Eles trabalham meio turno no assentamento e, no tempo restante, dedicam-se aos estudos. Os estagiários fazem as refeições na cooperativa junto com os cooperativados.

A cooperativa disponibiliza uma ajuda de custo para estagiários e pesquisadores, como uma retribuição por ajudarem nos trabalhos do assentamento.

Durante visita realizada à comunidade, ficou acordado que seria seguida essa política.

Havia no local uma casa que os moradores não estavam usando, por estarem viajando, a qual foi disponibilizada à pesquisadora, que ali permaneceu todo o tempo em que esteve na comunidade. Ela se propôs a ajudar nos afazeres da cozinha comunitária e dispensou a ajuda de custo, por considerá-la mais útil para os estudantes estagiários.

Após a negociação, a pesquisadora permaneceu por duas semanas no assentamento observando como se realizam e desenvolvem tanto os trabalhos dos agricultores como sua vida social. Durante esse tempo, foram realizadas as entrevistas com os indivíduos participantes da pesquisa.

Conforme Rocha e Eckert (2008, p.12),

> A interação é a condição da pesquisa. Não se trata de um encontro fortuito, mas de uma relação que se prolonga no fluxo do tempo e na pluralidade dos espaços sociais vividos cotidianamente por pessoas no contexto urbano, no mundo rural, nas terras indígenas, nos territórios quilombolas, enfim, nas casas, nas ruas, na roça, etc., que abrangem o mundo público e o mundo privado da sociedade em geral.

O respeito e as atitudes transparentes da pesquisadora foram necessários para a construção da confiança entre ela e a comunidade pesquisada, elemento importante a fim de criar possibilidades para que os dados coletados fossem reais. Para atingir essa confiabilidade, a pesquisadora deixou claro que retornaria à comunidade para que os entrevistados lessem o material escrito e avaliassem se ele realmente expressava a intenção que tiveram ao fazerem suas explanações.

A fim de traçar uma visão geral da situação social e do que ocorre na comunidade, foi iniciada a pesquisa com observação participante, seguida das descrições escritas.

3.3 - Sujeitos da pesquisa

Os sujeitos da pesquisa foram os assentados da Lagoa do Junco, sendo quatro, dois homens e duas mulheres, pertencentes à comunidade dos agricultores cooperativados. Formaram esse grupo: o cooperativado mais antigo, que já foi presidente da cooperativa, duas trabalhadoras da comunidade e um trabalhador do assentamento. Entretanto, foram também analisados dados obtidos de outros sujeitos da comunidade, não-participantes das entrevistas.

3.4 - Instrumentos de coleta de dados

A coleta de dados foi realizada por meio de observação participante e de entrevistas, registrando-se a vivência das famílias na comunidade; a divisão do trabalho; a vida social e comunitária; o fluxo de pessoas; os horários; as reuniões; as rotinas.

De acordo com Angrosino (2009, p.1140),

> A pesquisa nasce e cresce do relacionamento que eles cultivam com seus informantes. Em um sentido muito especial, a pesquisa etnográfica é um diálogo entre o pesquisador e a comunidade estudada. Embora ele possa ter a habilidade necessária para coletar e analisar os dados, sua dependência da cooperação e boa vontade dos informantes para concluir a pesquisa é quase total.

19

3.5 - Diário de campo da pesquisadora

No diário, foi anotado tudo que era perceptível na comunidade como o fluxo dos trabalhadores; a relação de uns com os outros; a resolução de conflitos; a organização dos grupos de trabalho; o lazer; a relação com visitantes e pesquisadores; a interação com o meio ambiente.

As conversas eram anotadas quando as pessoas não estavam presentes, para evitar constrangimento ou inibição.

Diário é o instrumento pessoal do pesquisador, no qual são feitos todos os registros. Demanda o uso sistemático, que se inicia no primeiro momento da ida ao campo e estende-se até a fase final da investigação.

Neves (2006, p.19) afirma:

> Neste diário, são anotados, da forma mais minuciosa possível, os acontecimentos ocorridos em campo, assim como as impressões subjetivas decorridas destes acontecimentos. Ao se registrar impressões subjetivas e sentimentos deve-se ter o cuidado de fazê-lo de forma distinta dos acontecimentos quanto dos sentimentos e impressões.

As anotações subsidiaram a pesquisa com informações sobre a dinâmica da comunidade, a organização dos grupos de trabalho e o modo de vida dessa comunidade.

3.6 - Registros das entrevistas

As entrevistas foram gravadas e filmadas pela pesquisadora. No entanto, as filmagens não foram utilizadas, por terem sido realizadas para garantir a fidelidade dos dados, caso houvesse algum problema com as gravações.

Segundo Lakatos (2008 p. 197),

> A entrevista é um encontro entre duas pessoas, a fim de que uma delas obtenha informações a respeito de determinado assunto, mediante uma conversação de natureza profissional. É um procedimento utilizado na investigação social, para a coleta de dados ou para ajudar no diagnóstico ou no tratamento de um problema social.

Nas entrevistas, a pesquisadora, em uma conversa amigável com o entrevistado, em ambiente informal, à sombra de árvores ou na varanda das casas, fez a coleta de dados. Os entrevistados contaram sua trajetória com detalhes riquíssimos deixando, em alguns momentos, a emoção aflorar, principalmente quando falaram de suas dificuldades como acampados e da alegria ao receberem a posse da terra.

3.7 - Metodologia de análise de dados

A metodologia adotada para análise dos dados foi a 'análise textual discursiva', a qual tem sido bastante utilizada para fazer a análise de dados de pesquisas qualitativas, seja de textos previamente existentes, seja de material produzido a partir de entrevistas ou observações (MORAES, 2003).

Segundo Lakatos (2008, p. 17),

> Analisar significa estudar, decompor, dissecar, dividir, interpretar. A análise de um texto refere-se ao processo de conhecimento de determinada realidade e implica o exame sistemático dos elementos; portanto, é decompor um todo em suas partes, a fim de poder efetuar um estudo mais completo, encontrando o elemento-chave do autor, determinar as relações que prevalecem nas partes construtivas, compreendendo a maneira pela qual estão organizadas, e estruturar as ideias de maneira hierárquica.

Na análise textual discursiva, conforme Moraes e Galiazzi (2007), primeiro ocorre a unitarização, processo no qual o texto é desmontado em unidades significativas.

A seguir, procedeu-se a construção do metatexto, com descrição e interpretação referentes às categorias emergentes: descrição do ambiente, dos hábitos e costumes da comunidade; observação se há conflito entre EA, educação formal e educação não-formal; trajetória dessa comunidade para a sustentabilidade com a produção orgânica de alimentos. Ao final, foi feito o registro da teorização (Ibidem).

Segundo Roque Moraes (2003, p. 201),

> Se no primeiro momento da análise textual qualitativa se processa uma separação, isolamento e fragmentação de unidades de significado, na categorização, o segundo momento da análise, o trabalho dá-se no sentido inverso: estabelece relações, reunir semelhantes, construir categorias. O primeiro é um movimento de desorganização e desconstrução, uma análise propriamente dita; já o segundo é de produção de uma nova ordem, uma nova compreensão, uma nova síntese. A pretensão não é o retorno aos textos originais, mas a construção de um novo texto, um metatexto que tem sua origem nos textos originais, expressando um olhar do pesquisador sobre os significados e sentidos percebidos nesses textos.

A análise dos dados foi, em sua totalidade, realizada conforme a análise das categorias emergentes. Conforme o método adotado, depois de analisar e registrar as informações coletadas, fazem-se observações focalizadas e específicas, buscando a interpretação mais criativa e estrita dos dados coletados, podendo ocorrer como um ciclo.

Moraes e Galiazzi (2007, p. 41) ilustram o processo de auto-organização, conforme mostra a Figura 1.

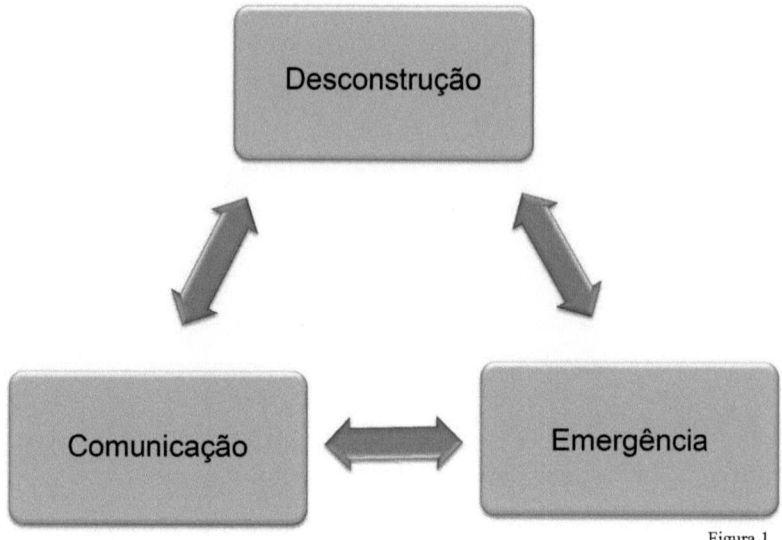

Figura 1

O registro da nova organização interpretação e comunicação consolida-se através de novo metatexto.

> Insistimos que a escrita reconstrutiva implica em o pesquisador assumir-se autor de seus textos. Essa autoria, entretanto, necessita ser compreendida de uma perspectiva dialógica, com base em um entendimento de que não se consegue produzir nada a não ser a partir de algo já anteriormente criado. Isso significa que a autoria é sempre compartilhada, que, mesmo pretendendo expressar algo original, sempre as produções se inserem numa polifonia de vozes que se manifestam em um mesmo discurso coletivo. (Ibidem, p. 210)

A partir do caos, da desmontagem do texto, advém a construção de novos textos e novas compreensões. Registram-se as novas organizações, interpretação e comunicação através de novo metatexto.

As categorias que emergiram do metatexto deste estudo são apresentadas nos capítulos subsequentes.

4 - Vencendo desafios e construindo a vivência no coletivo

> Há aqueles que lutam um dia; e por isso são bons. Há aqueles
> que lutam muitos dias; e por isso são muito bons. Há aqueles que
> lutam anos; e são melhores ainda. Porém há aqueles que lutam
> toda a vida; esses são imprescindíveis
> **Bertold Brecht**

O assentamento Lagoa do Junco localiza-se no município de Tapes, região sul do Rio Grande do Sul.

No trajeto para chegar ao assentamento, na época da colheita, observam-se muitas máquinas colhendo o arroz e grandes bandos de aves alimentando-se dos grãos que ficam no chão.

A estrada arenosa é margeada por açudes de águas claras. A área de várzea deixa a descoberto lindas paisagens: gado pastando nos campos, lavouras de arroz, mata nativa.

Chama a atenção a diversidade de espécies ali existente. A produção agrícola está em harmonia com a fauna e a flora do local. Nesse cenário, há possibilidade de produzir alimentos sem agredir o meio ambiente.

Conforme Gutiérrez (1999, p. 98),

> A cultura da morte, própria da civilização ocidental, há de ser suplantada pela cultura da vida. Essa é a tarefa fundamental necessária para recuperar o equilíbrio do planeta Terra. A cultura da vida será expressão da convivência harmônica entre os seres humanos e entre estes e a natureza, e suas riquezas estarão representadas pela vida em todas as suas formas.

Ao se chegar à comunidade Lagoa do Junco, a primeira impressão é de um lugar para passar férias: há uma rua arenosa, ladeada por moradias com extensos pátios cobertos de verde e flores. Ouve-se o canto dos pássaros quebrando o silêncio.

A pesquisadora foi recebida por um grupo de mulheres que estavam reunidas na cooperativa, planejando os trabalhos da semana. A senhora M a orientou sobre a dinâmica da comunidade e os detalhes da permanência no local.

A pesquisadora ficou em uma casa que estava desocupada, pois os donos estavam viajando. Ali havia tudo de que necessitava para ficar bem acomodada.

Inicialmente, foram observados hábitos, costumes, movimento dos trabalhadores no ir e vir de seus afazeres. Depois foi feita a coleta de dados sobre a comunidade do assentamento, através de entrevistas com moradores e alguns obtidos nos registros sobre a comunidade.

A posse da terra deu-se em 1995. As famílias que vivem nessa comunidade dividem-se em dois grupos: os que vieram do MST e o grupo dos antigos trabalhadores da fazenda que foi desapropriada. Esses trabalham como pequenos agricultores na terra que receberam, buscando a sobrevivência na plantação de alimentos e criando alguns animais, como bovinos.

O grupo pertencente ao MST divide-se em trabalhadores da cooperativa e trabalhadores individuais, mas todos residem na agrovila. O que os diferencia é a maneira de trabalhar, que pode ser de forma coletiva cooperativada ou individual, com cada família plantando em seu lote.

A pesquisa foi realizada com os trabalhadores da cooperativa, os quais trabalham de forma coletiva e produzem alimentos orgânicos. Optou-se por esse grupo para melhor conhecer tanto a organização da comunidade como seus conceitos sobre ecologia, EA, educação formal e não formal desenvolvimento sustentável mediante organização em cooperativa.

A Cooperativa de Produção Agropecuária dos Assentados de Tapes (COOPAT) é uma modalidade de cooperativismo sob controle dos trabalhadores, um tipo de empresa social.

As famílias que constituem a comunidade são, em grande parte, constituídas por descendentes de imigrantes poloneses, filhos de pequenos agricultores, provenientes de famílias numerosas.

A terra de seus pais já não conseguia dar sustento a todos, alguns então partiram em busca de novos caminhos e da realização de seus sonhos: um pedaço de terra onde pudessem viver com dignidade, produzir alimentos e criar seus filhos.

O assentamento é formado por uma agrovila com as casas próximas umas das outras. Existe, entre outros estabelecimentos, uma cooperativa, uma agroindústria de beneficiamento de arroz orgânico e uma padaria. Uma moradora da agrovila e membro da cooperativa, ao falar sobre a comunidade, afirmou:

> A estruturação coletiva ou comunitária para trabalhar em cooperativa, já vinha sendo discutida desde 93, enquanto ainda éramos acampados. O grupo já chegou consciente, definido que fariam uma agrovila, todas as famílias construiriam suas moradias de forma ordenada, buscando assim economizar transporte, água, luz, acesso e convivência, para facilitar as reuniões e encontros dos assentados. (P)

24

O prédio da cooperativa é o local onde se realizam reuniões, refeições coletivas, missas e encontros. O espaço físico é dividido em duas partes: uma isolada, onde se localiza a padaria, e outra usada para as atividades coletivas. A cooperativa fica situada no centro da agrovila, facilitando o acesso a todos os moradores.

Não há cercados, grades ou muros na cooperativa e na agroindústria. Na maioria das casas, entre os pátios, não há divisão ou cercas. As casas são bem cuidadas. Há pátios amplos e gramados, com jardins, árvores frutíferas, ervas fitoterápicas, árvores nativas e exóticas.

Segundo a moradora E, ao ali chegar, os novos habitantes moraram por seis meses em barracos de lona. Depois conseguiram oito salários mínimos por família como auxílio para construírem suas moradias. Eles ergueram casas muito simples e, com o tempo, as foram melhorando, conseguiram recursos para reformas e, atualmente, elas são adequadas às necessidades dos trabalhadores.

A moradora M comunicou à pesquisadora que seria realizada uma reunião entre as mulheres que trabalham na padaria e a técnica em química de alimentos que lhes dá assessoria. Com permissão para participar dessa reunião, a pesquisadora observou que, ao serem propostas mudanças na estrutura física da padaria, para adequação às normas de vigilância sanitária, ou em qualquer outro setor, era sempre referida a necessidade de submeter a decisão à discussão com os associados.

Posteriormente, durante as entrevistas, tornou-se mais claro o modo como os trabalhadores da cooperativa se organizam.

A assembléia geral é a instancia superior, onde são decididos em último grau a distribuição de tarefas, tomadas de decisão e resolução de conflitos. Outras instâncias são os núcleos que fazem a ligação entre a coordenação geral e a assembleia geral.

A coordenação geral prevê uma reunião mensal para discussão de temas estratégicos. Os coordenadores dos núcleos preparam e coordenam as respectivas reuniões. Todas as comunidades de assentados oriundos do MST possuem ligação com ele. A representação, no assentamento Lagoa do Junco, cabe aos coordenadores dos núcleos.

No mesmo patamar que os coordenadores dos núcleos, estão a diretoria e os coordenadores das unidades.

A diretoria reúne-se uma vez por semana. Ela é composta por: secretário executivo, responsável por registros, correspondências, atas e documentação legal da cooperativa; secretário financeiro, cooperado responsável pela captação de recursos e controle do orçamento; secretário comercial, cooperado responsável pelas operações de compra e venda, abertura de mercados, relacionamento com clientes e fornecedores; secretário de produção, cooperado que tem a responsabilidade de garantir a execução do planejamento, o conjunto do processo produtivo e controlar a mão-de-obra; secretário administrativo, cooperado responsável pela organicidade, a quem cabe garantir a unidade interna, apoiar o funcionamento dos setores, das unidades e dos núcleos, garantir o processo de democracia interna e representar a cooperativa nas instâncias de decisão das cooperativas e em eventos oficiais.

Os coordenadores das unidades são responsáveis pelo aspecto prático da cooperativa no assentamento. São quatro as unidades: lavoura de arroz; horta; cozinha e padaria; animais. As decisões são tomadas na assembleia em que todos se reúnem. O que nela for decidido será seguido por todos.

A representação gráfica da organização da cooperativa,conforme Vial (2005, p. 165):

Os trabalhadores cooperativados não permanecem sempre na mesma tarefa nem dentro da mesma unidade. Todos sabem realizar todas as tarefas. Por exemplo, na padaria a função de cada uma das trabalhadoras muda semanalmente.

Não há diferenciação financeira entre os diversos trabalhos realizados. É estipulado o valor da hora trabalhada, válido para todos independente do trabalho que realizam. Conforme T que, à época da entrevista, trabalhava na unidade de cozinha e padaria: "[...] o valor da hora é igual para todos, não interessa se um está trabalhando atolado no barro o outro no escritório, na padaria ou na lavoura, é tudo o mesmo valor, o secretário, o presidente, a que cuida dos animais é tudo igual".

No desempenho de tarefas existe, no entanto, diferenciação de gênero. Na padaria, não trabalham homens; na lavoura, com exceção da horta, não trabalham mulheres. Outros trabalhos são executados por homens e mulheres harmoniosamente.

Os trabalhadores observados têm uma forma peculiar de organização. Uma de suas características está na maneira de essa comunidade conviver, isto é, a condição que nela existe de discutir seus problemas, sob diversos pontos de vista, e a aceitação democrática da decisão da maioria.

A pluralidade de ideias enriquece os debates. Todos na comunidade podem participar das decisões. Existem divergências entre as partes, mas prevalece o diálogo. As decisões tomadas em assembleia transformam-se em ação. Existe disposição de resolver os possíveis conflitos pela conversa.

Freire (1987p. 77), em seu livro 'Pedagogia do Oprimido', afirma:

> Quando tentamos um adentramento no diálogo como fenômeno humano, se nos revela algo que já poderemos dizer ser ele mesmo: a palavra. Mas, ao encontrarmos a palavra, na análise do diálogo, como algo mais que um meio para que ele se faça, se nos impõe buscar, também, seus elementos constitutivos.
> Esta busca nos leva a surpreender, nela, duas dimensões: ação e reflexão, de tal forma solidárias, em uma então radical que sacrifica, ainda que em parte, uma delas, se ressente, imediatamente, a outra. Não há palavra verdadeira que não seja práxis.

No entanto, o exercício democrático não é isento de tensão, como esclarece a cooperativada E: "[...] viver em comunidade não é coisa fácil, muitas vezes as nossas propostas não são aceitas, ficamos chateados, mas, a maioria vence".

Mesmo assim, essa entrevistada avalia que estão em processo de aprendizado, sempre melhorando. Apesar das divergências, ela diz que com a cooperativa existem mais possibilidades de conseguirem recursos e financiamento para produzirem.

Viver de modo coletivo é uma opção que requer constante aperfeiçoamento, pois, na sociedade, atual, predomina a tendência ao individualismo e ao consumismo.

Embora a maneira de viver dessa comunidade seja uma opção de livre escolha de seus membros, existem influências externas a serem constantemente superadas, por exemplo, o individualismo.

O modo de viver coletivamente em comunidade é um desafio que essa comunidade se dispõe a superar.

> Conviver é viver em comum, com outrem, em intimidade, com familiaridade. A convivência mexe com a relação de poder (expressas especialmente pelo "mando" do patrão que existe em nós e pelo desejo de receber as coisas prontas), revela os nossos preconceitos (racismo, machismo, entre outros) e desvela o nosso comportamento ideológico. (CERILOLI, 2004, p. 132)

Ao meio-dia, é hora do almoço coletivo. Os agricultores vão chegando à cooperativa. Os alimentos estão dispostos em fileiras, em grandes panelas. Cada um pega um prato, serve-se e senta-se à mesa para fazer a refeição. O almoço é preparado para todas as famílias que trabalham cooperativadas. Alguns preferem pegar o alimento e levar para suas casas. Desse almoço também participam os visitantes e técnicos que dão assistência técnica ao assentamento na certificação do arroz orgânico e na produção da padaria.

Depois da refeição, cada um se dirige à cozinha para lavar, secar e guardar o prato e os talheres que usou.

Segundo a cooperativada T, no inicio, quando foram assentados, eles faziam coletivamente todas as refeições na cooperativa, porém agora só fazem o almoço.

Naquele tempo, as famílias ainda não possuíam, em suas casas, utensílios como panelas, pratos e talheres. O fato de as refeições serem coletivas também permitia melhor aproveitamento dos alimentos com menor custo: "[...] a preocupação sempre foi para que todos tenham uma boa alimentação, até agora que estamos estruturados,só é vendido o que excede da produção" (Assentada T).

No período que passaram como acampados, havia dificuldades de toda ordem e a solidariedade de uns com os outros era essencial para a sobrevivência de todos. Essa experiência foi tão valiosa a ponto de decidirem adotá-la como maneira de viver, mesmo depois de adquirirem melhor estrutura de trabalho e de moradia, devida à posse da terra e à produção em abundância de alimentos.

A forma coletiva de trabalhar e viver teve início pela necessidade e permaneceu como opção de vida. Freire (1987p. 142) aborda muito bem a questão da organização, ao dizer que

> Toda união dos oprimidos entre si, que já sendo ação, aponta outras ações, implica, cedo ou tarde, que percebendo eles o seu estado de despersonalização, descubram que, divididos, serão sempre presas fáceis do dirigismo e da dominação. Unificados e organizados, porém, farão de sua debilidade força transformadora, com que poderão recriar o mundo, tornando-o mais humano.

A colheita do arroz, principal produto da agricultura orgânica, estava em pleno andamento no período em que a pesquisadora esteve no assentamento. Todos os anos, é realizada uma festa para comemorar o início da colheita, mesmo que esta já esteja em andamento. Em um dos almoços, o presidente da cooperativa falou que estavam com bastante serviço, organizando a festa da colheita.

A pesquisadora observou que, enquanto todos almoçavam, a cozinheira tomava chimarrão e lia um polígrafo, então perguntou-lhe se estava estudando. Ela respondeu que havia passado no vestibular na Universidade Estadual do Rio Grande do Sul (UERGS), para o curso de graduação em Gestão Ambiental. Como não dispunha de muito tempo para estudar, estava sempre com o material por perto e aproveitava todos os momentos disponíveis.

A retomada dos estudos pela cooperativada E vai ao encontro de uma reflexão explicitada nos cadernos do Instituto Técnico de Capacitação e Pesquisa da Reforma Agrária (ITERRA), a qual revela a importância atribuída pelos militantes do MST à escolarização.

> Neste contexto histórico vamos caminhando no tempo, desafiando e tecendo histórias e sendo desafiados permanentemente. **Vamos criando alternativas para superar a defasagem histórica de escolarização no Movimento, buscando novas formas de inserção na terra e na escola.** Não qualquer escola, mas uma escola que assuma o desafio de construir um novo paradigma de educação, que não seja restrito à dimensão técnico instrumental, mas que permita a crianças, jovens e adultos se apropriarem criticamente do conhecimento científico, produzindo novos conhecimentos a partir de sua realidade se assim se construírem como cidadãos do/ no mundo. (CAMINI, CALDART e CITOLIN, 2004, p. 25, grifo nosso)

A cooperativada E, atual cozinheira, disse que sempre teve vontade de estudar, mas enquanto estavam acampados as dificuldades eram muitas. Na escola, sofreu intensa discriminação por parte dos colegas de aula. Pelo fato de ser filha de assentados, os colegas referiam-se a ela com adjetivos pejorativos. Isso, entretanto, não foi motivo suficiente para desanimá-la. Frequentou a escola da cidade e terminou o Ensino Médio, quando já estava casada. Ela salientou que não sentia vergonha de sua condição social. Na família e na comunidade em que vivia, conversavam muito com as crianças e os jovens sobre o assunto, dando-lhes segurança.

Moretto (2008, p. 32) assim reflete sobre o papel da escola em relação ao respeito às diferenças:

> É na escola que os sujeitos analisam, ou deveriam analisar, as características de seu grupo social e de outros grupos, com histórias, valores, sentimentos, aspirações e projetos de vida diferentes. É na escola que se inicia a formação de atitudes de respeito às diversidades culturais, pilar fundamental para a vivência da cidadania.

No relato da entrevistada, percebe-se que a comunidade-alvo deste estudo assume com competência a função de auxiliar os sujeitos a conhecer e analisar as características dos diferentes grupos sociais que interagem na escola, função que esta não assume.

Os assentados valorizam a educação formal. Prova da importância atribuída pelos cooperativados à escolarização é o fato de terem conseguido, com a prefeitura do município onde está localizado o assentamento, um ônibus para buscar os estudantes e levá-los até a escola mais próxima.

Para o vestibular, a entrevistada E estudou sozinha, em casa. Ela escolheu o curso de Gestão Ambiental porque quer aprender mais sobre ecologia e meio ambiente. Pretende continuar estudando depois da graduação, sempre nessa mesma área de conhecimento. Não quer sair do assentamento; poderá sair para estudar, mas voltará. Não quer outro lugar para viver que não seja esse.

Segundo um dos trabalhadores, a maioria dos assentados estudou até o quarto ano do Ensino Fundamental. Eles aprenderam a ler e a escrever, mas têm consciência de que é muito pouco. Em sua formação predominou a educação não-formal. Hoje cinco jovens filhos desses assentados estudam em universidades. O entrevistado acredita que é necessário mais conhecimento, mesmo para continuar o trabalho no assentamento. A adoção de novas tecnologias deve servir para melhorar a vida da cidade e do campo.

Segundo o entrevistado I:

> A maior parte das famílias são quase analfabetos, tivemos dificuldades para administrar nossa organização. Os jovens saíram para estudar e voltar para dar sequência ao projeto, pelo menos é no que acreditamos. A produção orgânica necessita de novas tecnologias.

Os homens e mulheres da comunidade, embora não tenham um saber acadêmico, são dotados de uma sabedoria simples e generosa que se evidencia na maneira de educar seus filhos, trabalhar de forma coletiva, resolver conflitos, respeitar e preservar a biodiversidade. A sabedoria não está somente na academia, conforme Demo (1995, p. 48):

> Um sábio não precisa ser cientista e um cientista muito raramente é um sábio. Uma pessoa simples do povo pode conter uma sabedoria imensa, enquanto que a universidade não é o lugar da sabedoria, por mais que contenha conhecimentos, em quantidade impressionante. O próprio analfabeto pode ser um sábio, como são sábios alguns índios e caboclos.

Durante o tempo em que permaneceu na comunidade, todos os dias a pesquisadora sentava-se à sombra de uma árvore, na frente da casa que ocupava. Ali ficava, ora lendo um livro, ora observando o que acontecia na comunidade, e chamava-lhe a atenção a movimentação de trabalhadores apressados, cada um com sua atividade.

À tardinha, as vacas passavam enfileiradas, indo para a ordenha que é realizada pelas mulheres. Entre seus muitos saberes, está a atividade de realizar essa tarefa, retirando o leite que é utilizado para o consumo *in natura* de toda a comunidade e para a fabricação caseira de doce de leite e queijo, também feitos pelas mulheres.

Como num ritual, as vacas vão se colocando em seus lugares. Enfileiradas esperam a ordenhadeira lavar seus úberes e colocar os instrumentos para a coleta do leite, o qual é sugado por uma máquina, passa por canos e vai diretamente para o reservatório. Os cooperativados buscam ali mesmo a porção de que necessitam.

O trabalho na horta comunitária é realizado por homens e mulheres. Essa atividade também demonstra um dos saberes do grupo: produzir alimentos saudáveis, sem o uso de fertilizantes sintéticos nem agrotóxicos.

Nessa comunidade, os trabalhos estendem-se até o final da tarde, ou seja, até o pôr-do-sol. Certa quinta-feira, a pesquisadora percebeu que havia algo diferente. Os trabalhadores e as trabalhadoras apressadamente se dirigiam às suas casas bem mais cedo do que o habitual. Ela perguntou a uma moradora que passava o que estava ocorrendo. A senhora explicou-lhe que "[...] uma vez ao mês o padre vem à comunidade para realizar a missa" e naquele dia o sacerdote ali estaria.

Nesse dia, houve também confissão, por ser a última missa antes da Páscoa. Algumas mulheres comentaram que preferiam confissão coletiva e não individual.

Na missa, com cantos e preces, houve o agradecimento pela colheita. Ao término, a pesquisadora esteve com o padre, indagando-lhe sobre a confissão coletiva. Ele explicou que ela é realizada em comunidades onde a vivência é coletiva. Tem que haver aceitação de todos os participantes. É uma reflexão entre todos com a mediação do padre, oportunidade em que se reconciliam, caso haja alguma mágoa entre eles.

Essa é uma maneira de resolver conflitos. As palavras do padre lembram as de Paulo Freire (1987, p. 68), quando afirma: "Ninguém liberta ninguém, ninguém se liberta sozinho: os homens se libertam em comunhão".

Ao entardecer, a pesquisadora recebeu a visita do senhor J e sua esposa, um casal de assentados que atualmente não participa da cooperativa. Segundo disseram, eles queriam ter a experiência de trabalhar de forma individual e assim o fizeram. A pesquisadora os conhecera no ano 2000, quando visitou o assentamento com um grupo de alunos para realizar um trabalho de EA. Naquele tempo, o senhor J era cooperativado e acompanhou os escolares nas caminhadas pelo assentamento, explicando os trabalhos realizados na comunidade.

Ele presenteou a pesquisadora com uma vasilha contendo frutas silvestres. Disse que as havia colhido pelo caminho. Elas exalavam um cheiro 'gostoso', que encheu a casa, dando vontade de experimentá-las imediatamente. A senhora L, sua esposa, entregou um prato com pastéis caseiros que havia feito recentemente. Esse gesto representou uma maneira de dizer que a pesquisadora era bem vinda, não somente na comunidade cooperativada, mas também entre todos os assentados. Muito cordiais, disseram que tinham vindo ver se a pesquisadora estava bem acomodada, se necessitava de alguma coisa a mais.

Na pequena roda de chimarrão, a conversa versou sobre o assentamento e sobre assuntos gerais. O senhor J é bem humorado. Entre uma conversa e outra fazia brincadeiras. Sobre não fazer mais parte da cooperativa, ele explicou que havia realizado uma experiência individual, mas estava pensando em voltar para o grupo cooperativado.

No assentamento, a convivência entre cooperativados e trabalhadores individuais é de cordialidade e amizade. Todos os trabalhadores que receberam a posse da terra no assentamento Lagoa do Junco moram na agrovila, quer trabalhem cooperativados, quer individualmente.

Conforme relato de uma assentada, "[...] no assentamento os cooperativados e os não cooperativados têm o mesmo padrão de vida. Só trabalham separados, mas todos se dão bem, embora a maneira de produzir seja diferente" (E).

32

Ao escurecer só se escutava o barulho da agroindústria que trabalha até meia-noite, na colheita do arroz.

Às cinco horas da manhã, já se ouvia a movimentação dos trabalhadores. Todos os dias, após o café da manhã. Conforme havia combinado, a pesquisadora dirigia-se à cooperativa para ajudar a cozinheira.

A cooperativa, por receber seguidamente pesquisadores e estudantes, possui uma política própria. Os estudantes trabalham pela manhã, almoçam na cooperativa e, quando não estão hospedados em casa de família, pegam os alimentos de que necessitam para levar para casa. Eles dispõem de tudo que existe na cooperativa. Os estagiários recebem uma ajuda de custo mensal pelos trabalhos realizados no assentamento, pois os estágios se desenvolvem na prática, com a realização das atividades cotidianas do assentamento.

Ao chegar, pela primeira vez, à cozinha da cooperativa, a pesquisadora notou um fogão a lenha muito grande, sobre ele duas chaleiras enormes nas quais a água já estava quente. Percebia-se o cheiro de feijão cozinhando.

Atrás da cooperativa tem uma casa pequena, onde é feito o queijo. Naquela semana, a senhora T era a responsável por esse trabalho. Quando a pesquisadora aproximou-se, ela a convidou para ficar ali enquanto o queijo era preparado. Conversando, ela falou da vida na comunidade, das vantagens e dificuldades da vivência no coletivo. Disse que tem que estar sempre buscando superar o individualismo. Destacou o fator saúde como ponto positivo de trabalhar com produção orgânica de alimentos.

Ao falar sobre a alimentação saudável, explicou: "A vida depende da alimentação. Quando estamos bem alimentados é mais fácil se manter saudável, quase não ficamos doentes".

A senhora T valoriza o modo de vida da comunidade e, apesar de algumas dificuldades, não trocaria a vida do assentamento por nenhum outro lugar.

À tarde, a pesquisadora saía para caminhar por uma estrada arenosa, que passa pelas lavouras de arroz e leva até a Lagoa dos Patos e ao lago que dá nome ao assentamento: 'Lagoa do Junco', uma extensão de água coberta pela planta assim denominada popularmente. É uma área de preservação permanente (APP) que pertence ao assentamento.

No caminho, a paisagem mostra enormes figueiras, lavouras de arroz, mata nativa, grandes bandos de pássaros que, ao perceberem a presença humana, alçavam voo. Esse é um lugar muito bonito, onde a biodiversidade é visivelmente preservada. A comunidade valoriza a fauna e a flora local, conforme o senhor I:

No início quando fizemos a primeira tentativa de produção de arroz orgânico, após a colheita, colocávamos alevinos rizipiscicultura, mas essa lavoura ficava longe da agrovila, apareceram muitos predadores para os peixes, mas não podíamos matar os predadores para preservar os peixes, seria uma contradição.

No retorno da caminhada, o sol ia se pondo avermelhado por entre a vegetação. A paisagem, como num filme, sombreava as árvores. O silêncio era quebrado pelo canto dos pássaros que voavam em bandos, deixando o cenário mais belo. A pesquisadora procurava fixar o olhar para o 'quadro' que se apresentava, para 'gravar' cada pedacinho; a sensação de liberdade era indescritível.

Os dias seguiam quase todos iguais. O movimento dos trabalhadores iniciando o dia sempre muito cedo, as crianças indo para a escola, as mulheres ocupadas em seus afazeres.

Aos sábados, ao fim da tarde, alguns homens, cabelos molhados e bem penteados, dirigem-se para uma cancha de bocha, localizada atrás da cooperativa. Há conversas animadas durante a brincadeira. Nos finais de semana, esse é o lazer preferido pelos homens.

Os meninos vão chegando com alegria ao campo de futebol que fica ao lado da cooperativa. Organizam os times, ouve-se a algazarra da gurizada até o anoitecer. Em alguns sábados, tem mais crianças do que em outros, pois vêm visitantes de outros lugares, para passar o fim de semana com seus familiares.

No domingo pela manhã o silêncio é total na comunidade. Até às nove horas a única coisa que se escuta é o canto dos pássaros. Depois inicia a movimentação das crianças brincando.

Em um domingo, perto das dez horas, o senhor I e a senhora M, casal da comunidade, vieram convidar a pesquisadora para almoçar. Ele é irmão de senhor J, que já a visitara com sua esposa L. A pesquisadora também o conhecera quando visitara o assentamento com seus alunos. Na época, o senhor I era o presidente da cooperativa.

A pesquisadora havia conversado com esse casal em outra oportunidade, quando visitara a comunidade, a fim de pedir permissão para realizar a pesquisa. O convite para o almoço foi uma gentileza e uma maneira de dizer que a pesquisadora era bem vinda junto à comunidade e aos cooperativados.

Sentados à sombra, ao lado da churrasqueira, foi tomado chimarrão enquanto o churrasco assava. O almoço ficou pronto exatamente ao meio-dia e foi servido, além do churrasco, arroz, salada de batatas, pepino em conserva, pão e salada verde, acompanhado de suco de abacaxi. Depois da refeição, o grupo retornou para a sombra da árvore, pois o dia estava quente.

A pesquisadora perguntou à dona da casa sobre os produtos consumidos no almoço.

34

Ela disse que todos eram orgânicos, inclusive a carne bovina e suína e o suco.

A senhora M convidou para um passeio no pátio da residência.

O terreno mede 25 x 50 metros, essa é a medida dos lotes de moradia de todos os assentados. A pesquisadora pediu licença para registrar e fotografar as espécies de plantas que havia ali. Foram constatadas trinta e duas espécies, entre árvores frutíferas, legumes e verduras.

A senhora M relatou que só comprava açúcar, sal, café, produtos de higiene e limpeza.

Mais tarde, à sombra da árvore, a pesquisadora realizou a entrevista com o senhor I. Foi indagado à esposa se ela queria participar, porém ela disse que a vida de ambos sempre fora muito compartilhada e que as respostas certamente seriam semelhantes.

Às cinco horas houve a despedida e a pesquisadora voltou para 'sua' casa no assentamento.

O entardecer chegou tranquilo. Só se ouviam os risos e as batidas das bochas que os homens jogavam. A noite silenciou mais cedo, porque aos domingos não há trabalho na agroindústria.

Segunda- feira, cinco horas da manhã, ouve-se novamente o barulho do movimento dos trabalhadores dirigindo-se para seus afazeres.

Os moradores do assentamento Lagoa do Junco têm uma vida árdua.

Homens e mulheres trabalham muito, principalmente nos meses do plantio e da colheita do arroz. Os agricultores enfrentaram dificuldades no cultivo da região destinada para o assentamento, porque possuíam conhecimento de plantar outras sementes, não o arroz. No início, mesmo sabendo que a terra era própria para arroz, insistiram em plantar outras culturas que não produziram o esperado. Renderam-se então ao plantio do arroz convencional. Depois de muitas outras tentativas conseguiram adquirir o conhecimento necessário e atualmente plantam arroz orgânico. A etapa referente à sustentabilidade é tratada em outro capítulo.

Com dezessete anos de assentados, depois de muitas tentativas, agora o grupo vislumbra a possibilidade de fechar o ciclo de sustentabilidade, com a produção de sementes no assentamento.

É bastante forte a valorização dos alimentos, não somente em quantidade, mas também em qualidade. As falas dos entrevistados evidenciam terem tido dificuldade de acesso a alimentos.

A comunidade está acostumada com a presença de estudantes e pesquisadores, porém ela é mais visitada por estudantes estrangeiros do que por brasileiros.

Os moradores valorizam o lugar em que estão assentados, tanto pelas belezas naturais quanto pela acessibilidade à Grande Porto alegre, onde comercializam seus produtos.

O desafio de superar as diferenças é um exercício constante para manter a unidade e a vivência no coletivo. Desde o tempo em que se encontravam acampados, o grupo tem a convicção de que deve trabalhar e viver de maneira coletiva, pois isto torna mais fácil a superação das dificuldades.

Por compreenderem a necessidade de superação para a primazia do coletivo, cumprem rigorosamente as decisões tomadas em assembleia.

Os assentados evidenciam como valorizam a tranquilidade da comunidade, sendo muito forte a sensibilização para a questão ambiental. Eles gostam de receber visitantes e da divulgação da comunidade e de seu modo de vida.

Todos os entrevistados disseram que sua maior alegria foi a conquista da terra, no dia em que receberam a posse de seus lotes.

A caminhada dessa comunidade é de muito esforço para que haja sempre a prevalência do coletivo sobre o individual na organização do trabalho. Eles têm clareza das dificuldades a serem constantemente superadas. Buscam, dentro da comunidade, com a mediação de líderes ou religiosos, a solução para os conflitos. Realizam suas atividades democraticamente com a participação de todos nas decisões coletivas. São sensíveis à questão ambiental, preservando a flora e a fauna do local.

Essa comunidade produz e beneficia arroz orgânico, tendo organizado uma agroindústria para o beneficiamento do arroz. Ela faz seu percurso com muita garra, desde o tempo em que, de forma empírica, buscou o conhecimento necessário para plantar produtos orgânicos e hoje já conseguiram essa e outras conquistas.

5 - A trajetória de uma comunidade e o desafio de construir conhecimento com educação não-formal

> Ninguém educa ninguém, ninguém educa a si mesmo,os homens se educam entre si, mediatizados pelo mundo.
>
> **Paulo Freire**

As famílias da comunidade Lagoa do Junco vivem de modo coletivo cooperativado e buscam superar seus conflitos de forma democrática, com a participação de todos. Por terem clareza sobre a importância da preservação e da EA, assumiram a produção agroecológicade alimentos e vivem de maneira sustentável. São sabedores das vantagens e dos desafios da maneira de vida e de trabalho coletivo pela qual fizeram opção. Para melhor produzirem e comercializarem seus produtos,aprenderam a lidar com novas tecnologias como a de industrialização do arroz agroecológico.

A educação dos filhos visa a prepará-los para o consumo consciente, a autenticidade e a superação de discriminações sociais que possam sofrer pelo fato de serem assentados.

Os membros dessas famílias pouco frequentaram o ensino formal, tendo, portanto, pouca escolaridade. A reflexão que se pretende desenvolver, neste capítulo refere-se ao fato de o conhecimento nem sempre estar ligado à escolarização ou educação formal. Existem outras maneiras de aprendizagem, em grupos organizados, movimentos sociais, caracterizada como educação não-formal.

Educação não-formal, ligada à leitura de mundo e à cidadania, é aquela que ocorre fora do ambiente escolar, acontecendo em movimentos sociais, igrejas, associações de bairro, sindicatos, espaços culturais e organizações não-governamentais.

Conforme Gohn (2006, p. 28):

> A educação não-formal designa um processo com várias dimensões tais como: a aprendizagem política dos direitos dos indivíduos enquanto cidadãos; a capacitação dos indivíduos para o trabalho, por meio da aprendizagem de habilidades e/ou desenvolvimento de potencialidades; a aprendizagem e exercício de práticas que capacitam os indivíduos a se organizarem com objetivos comunitários, voltado para a solução de problemas coletivos cotidianos; a aprendizagem de conteúdos que possibilitem aos indivíduos fazerem uma leitura do mundo do ponto de vista de compreensão do que se passa ao seu redor; a educação desenvolvida na mídia e pela mídia, em especial a eletrônica [...].

A educação formal acontece nas escolas, nas instituições regidas por leis, certificadoras, organizadas segundo as diretrizes nacionais da educação, o que pressupõe uma regulamentação por normas e regras definidas previamente. A educação não-formal é menos burocrática e hierárquica. Não possui leis que a regulamentem, tem duração variável. Essa modalidade de educação pode, ou não, conceder atestados de aprendizagem, porém eles não têm reconhecimento específico. A educação informal acontece em seus espaços educativos por referência de nacionalidade, localidade, etnia, religião etc. e se desenvolve a partir do senso comum nos indivíduos (GOHN, 2006).

A busca pelo conhecimento pode ser formal, em ambientes escolares, ou não-formal quando o sujeito recorre a alternativas, seja pela impossibilidade de frequentar a escola, seja pelo interesse em complementar a educação formal por esta não ter contemplado suas reais necessidades.

Conforme o relato de um assentado, "[...] quando éramos crianças a escola ficava muito longe, naquele tempo não havia transporte escolar, caminhávamos muito para aprender a ler e escrever, também tínhamos que trabalhar cedo, a família era grande". Para superar a lacuna advinda da falta de escolaridade, os assentados mais antigos da comunidade Lagoa do Junco buscaram, na educação não-formal, uma maneira de construir os conhecimentos necessários a seu modo de vida e de trabalho. Muitos aprenderam na prática cotidiana o que não conseguiram na educação formal. Sobre aprender, Freire (1996, p. 69) afirma:

> Mulheres e homens, somos seres que, social e historicamente, nos tornamos capazes de aprender. Por isso, somos os únicos em quem aprender é uma aventura criadora, algo, por isso mesmo, muito mais rico do que meramente repetir a lição dada.

No assentamento, a educação e o aprendizado não-formal derivam da vivência de uns com os outros e do próprio MST. Nos cursos e seminários de formação, há intencionalidade, pois a escolha dos temas está relacionada a necessidades específicas de conhecimento dessa comunidade. Cuidado com o meio ambiente, cooperativismo, relações sociais numa comunidade que vive de forma coletiva e compreensão do espaço geográfico de inserção são alguns dos temas tratados.

A educação não-formal difere da educação escolar na qual, normalmente, os temas são previamente selecionados pela instituição e por isso nem sempre correspondem ao interesse de todos os educandos. Na educação não-formal, os temas são escolhidos de acordo com o interesse do grupo, portanto

> A aprendizagem, quando diz respeito à educação não formal, acontece sem que haja uma obrigatoriedade e sem que haja mecanismos de repreensão para o não aprendizado, pois as pessoas estão de alguma forma, envolvidas no e pelo processo ensino aprendizagem e em uma relação prazerosa e significativa com o processo de aprender e com a construção do saber. (GARCIA, 2001, p. 152)

A mesma autora refere que "[...] os espaços de educação não formal deverão apresentar algumas características: apresentar caráter voluntário; promover, sobretudo a socialização e a solidariedade; [...] a mudança social e favorecer a participação [...]".

No assentamento Lagoa do Junco, os encontros de formação são realizados na cooperativa. O caráter voluntário evidencia-se na disponibilidade de aprender e de ensinar dos trabalhadores. Há formação também em âmbito nacional, no núcleo de educação do MST. Um ou mais assentados participa desses encontros e depois partilha o conhecimento adquirido com os demais trabalhadores, socializando de forma solidária o que aprenderam.

A maneira coletiva de trabalhar foi adquirida na prática, como relatou a assentada T: [...] a maneira coletiva de trabalhar aprendemos quando estávamos acampados. Havia escassez de alimentos, e cozinhávamos juntos, para aproveitar melhor, e dali tiramos uma posição: iríamos continuar trabalhando assim, no coletivo". O aprendizado não-formal ou informal foi forjado em situações práticas de busca pela sobrevivência. Outro assentado explicitou: "[...] temos companheiros do assentamento que trabalham a questão de formação em todo o Brasil, naquilo que necessitamos aprender para melhorar", todos contribuem na construção dos saberes. Essas palavras são confirmadas pelo relato de outro assentado, ao falar sobre a busca por educação:

> No ano de 1984 inicia-se no movimento a luta por educação e escolas para os acampados e assentados e para seus filhos, juntamente com a luta pela posse da terra, somos trabalhadores, buscávamos oportunidade de trabalhar na terra e viver com dignidade. (Assentado I)

Na fala desse trabalhador, percebe-se como os assentados consideram a educação uma ferramenta importante para novas conquistas sociais e o real valor que sempre deram à educação formal, mesmo antes de ter acesso a ela.

No assentamento Lagoa do Junco, as pessoas são simples, bem educadas, solidárias umas com as outras e com os visitantes. Sabem fazer muitas coisas: trabalhar a terra, trabalhar na padaria, plantar de maneira agroecológica, cuidar dos animais, tirar leite das vacas, fazer queijo, cozinhar, cuidar do jardim, comercializar os produtos, industrializar o arroz e, principalmente, cuidar da água, do solo e da biodiversidade do local. Se os assentados têm pouca escolarização, significa que aprenderam de maneira não-formal e informal, no espaço do próprio assentamento, pela vivência de uns com os outros, pelo compartilhamento de experiências.

As tarefas nesse assentamento são realizadas por todos, em sistema de rodízio, portanto todos aprendem todas as atividades. Isso difere da produção em série, na qual cada indivíduo aprende uma única função mecanicamente, sem necessidade de reflexão sobre o trabalho realizado e sem conhecimento de outras atividades.

Ao ser perguntado de onde veio o aprendizado sobre ecologia uma moradora respondeu: "Nós sempre temos formação sobre ecologia dentro do movimento, como devemos cuidar da água, do solo, dos pássaros. Tudo tem um valor na natureza". Essa comunidade constrói os saberes necessários à sua sobrevivência e à conservação dos recursos naturais de maneira não-formal e informal, permanentemente aprendendo e socializando o conhecimento.

A questão ambiental, no assentamento Lagoa do Junco, está ligada à sua maneira de vida, ao modelo de produção e trabalho adotado, seus hábitos e costumes, ao modo de educar as crianças. Conforme disse uma mãe, moradora da comunidade: "[...] trabalhamos a questão do consumismo com as crianças; quando são influenciadas pela moda, nós conversamos que não é a roupa que faz a pessoa. Conversamos muito com nossos filhos, os ouvimos também, não tivemos até agora nenhum problema sério".

Essa comunidade propõe mudanças na maneira de pensar e agir das novas gerações. Embora não possuam saber científico, os assentados têm clareza sobre os avanços necessários para uma sociedade mais consciente.

Conforme Medina e Santos (1999, p. 18):

> Necessita-se de uma mudança fundamental na maneira de pensarmos acerca de nós mesmos, nosso meio, nossa sociedade e nosso futuro; uma mudança básica nos valores e crenças que orientam nosso pensamento e nossas ações; uma mudança que nos permita adquirir uma percepção holística e integral do mundo com uma postura ética, responsável e solidária.

Os assentados da comunidade não tiveram oportunidade de estudar, mas valorizam a escolarização formal e buscam dar essa oportunidade a seus filhos. Acreditam que a educação formal pode auxiliar nas transformações sociais. Assim falou uma moradora: "[...] penso que se nós quisermos fazer uma mudança para melhor, na questão da ecologia, dos alimentos, do consumismo, de um mundo diferente, acredito que o professor tem um papel fundamental". Percebe-se aí a valorização da educação formal. Uma das bandeiras de luta do movimento (MST) é por uma educação formal de qualidade nos acampamentos e assentamentos, possivelmente porque compartilham a ideia de Caldart:

> Na experiência pedagógica [...] mistura-se com outros processos básicos ou potencialmente formadores do ser humano: a relação com a terra, o trabalho, a construção de novas relações sociais de produção no campo, a vida cotidiana de uma coletividade, a cultura, a história, o estudo. (2001, p. 140)

No início, quando receberam seus lotes de terra nessa localidade, as crianças sofreram discriminação por parte de colegas da escola, conforme relatou uma estudante: "[...] os colegas nos chamavam de assentados dando uma conotação pejorativa. Nunca pensamos em desistir por isso, mas ficávamos tristes. Agora eles já se acostumaram e convivemos bem".

Os assentados relataram que tiveram dificuldades para aprender coisas novas como, por exemplo, sobre o modo de produzir alimentos agroecológicos. Um assentado comentou:

> [...] quando começamos, não havia formação técnica no assentamento para nos orientar. Tínhamos que aprender experimentando, errando e acertando. Quando buscamos orientação para plantar alimentos ecológicos, tivemos muita dificuldade. Os agrônomos só queriam prescrever receitas de produtos químicos inorgânicos, agrotóxicos. Demoramos muito tempo para chegar onde chegamos. Fomos persistentes, mas muitas vezes, se não fôssemos fortes e não estivéssemos amparados uns nos outros, dava vontade de desistir. (I)

Os assentados são críticos quanto ao currículo e à qualidade da educação pública no Brasil. Sugerem que a questão ambiental seja tratada com maior ênfase, conforme expressou uma moradora da comunidade: "[...] a gente sabe que o ensino de ecologia é baseado no que diz a mídia. Mas acredito vai mudar, vai ter que acontecer verdadeiramente, vai ser em todos os lugares, na escola, na empresa, na mídia, em tudo, a natureza esta cobrando". Essa mãe revela o entendimento de que a escola pode fazer mais para resolver as questões sociais e ambientais.

41

Alguns educadores, ao tratarem de questões ambientais e sociais, não demonstram suficiente senso crítico, não havendo uma discussão profunda e necessária a respeito dos verdadeiros problemas. Na escola, a questão ambiental nem sempre é tratada com a amplitude esperada pelos ambientalistas.

Projetos sobre coleta seletiva de lixo, água e aquecimento global, por exemplo, são importantes, mas precisam estar conectados a discussões de outros problemas sociais como lucro, consumo, doenças, tecnologias de produção e envolvimento da mídia com tais questões.

A valorização da educação formal e escolar por parte dessa comunidade não minimiza sua atitude de criticidade em relação à qualidade dessa mesma educação.

O MST organiza anualmente encontros como os 'sem-terrinhas', crianças moradoras dos assentamentos e acampamentos. Neles são discutidos valores da vida em comunidade, EA, justiça social e outros temas atuais. Esses encontros complementam a aprendizagem escolar.

> Os problemas atuais, inclusive os problemas ecológicos, são provocados pela nossa maneira de viver, e a nossa maneira de viver é inculcada pela escola, pelo que ela seleciona ou não, pelos valores que transmite, pelos currículos, pelos livros didáticos (também pelos livros de filosofia). Reorientar a educação a partir do princípio da sustentabilidade significa retomar nossa educação em sua totalidade, implicando uma revisão de currículos e programas, sistemas educacionais, do papel da escola e dos professores, da organização do trabalho escolar [...]. (GADOTTI, 2000 p. 42)

Geralmente, os filhos de acampados e assentados estudam em escolas públicas, municipais ou estaduais, construídas e mantidas pelo poder público dentro da comunidade. As crianças, porém, podem estudar em escolas públicas fora do assentamento, quando localizadas próximas a suas comunidades. Existem também escolas itinerantes para as comunidades que ainda não possuem a posse da terra e estão sujeitas a mudar de localidade constantemente. Assim, quando há mudança, a escola desloca-se junto com o grupo, dando continuidade aos trabalhos no novo local.

Conforme Caldart (2000, p. 145):

> Do desafio de garantir a educação do campo, principalmente durante as lutas, surgiram outras inovações importantes, como as Escolas Itinerantes, que acompanham os acampamentos, que não têm localidade fixa. Essas escolas já foram legalmente aprovadas e reconhecidas pelo Conselho Estadual de Educação no Rio Grande do Sul, Santa Catarina, Paraná, Goiás, Alagoas, Pernambuco e Piauí. As

Escolas Itinerantes do MST são espaços de conhecimento, criação, socialização com base em valores ético-políticos libertários e democráticos, e se deslocam junto com os acampamentos.

Os assentados de Lagoa do Junco estudam numa escola próxima à comunidade. Essa escola é estadual de médio porte, segue as diretrizes gerais da Secretaria de Educação do RS, recebe educandos provenientes tanto da zona rural quanto da cidade.

A realidade atual, no assentamento Lagoa do Junco, é diferente daquela vivida pelos primeiros assentados. Com muita luta, os moradores conseguiram que um ônibus da prefeitura de Tapes busque crianças, jovens e adultos para estudarem na cidade. Não há escola dentro do assentamento.

> A democratização do conhecimento é considerada tão importante quanto a Reforma Agrária no processo de consolidação da democracia. Além dos acampamentos à beira de estradas, das ocupações de terra e de marchas para pressionar pela desconcentração da terra, o MST luta desde 1984 pelo acesso à educação pública, gratuita e de qualidade em todos os níveis para as crianças, jovens e adultos de acampamentos e assentamentos.(CALDART,1997, p. 147)

Muitos dos filhos mais velhos dos trabalhadores desse assentamento já terminaram o ensino médio e ingressaram na universidade, conforme relatou um assentado: "[...] duas jovens que saíram para estudar, se formaram professoras, e vão trabalhar em locais fora do assentamento. Mas acredito que vão levar para mais pessoas uma consciência ecológica e crítica. Penso que serão como sementes".

Essas educadoras poderão fertilizar o saber científico como muito bem diz Freire (1989, p. 28): "[...] será a partir da situação presente, existencial, concreta, refletindo o conjunto de aspirações do povo, que poderemos organizar o conteúdo programático da educação ou da ação política".

Sobre EA, tema a ser trabalhado por todas as áreas do conhecimento de forma interdisciplinar, Camini, Caldat e Citolin (2004, p. 23) afirmam:

> [...] o desafio do debate reflexivo sobre o cuidado com a terra, a água e a vida para preservá-las, aperfeiçoando o nosso conhecimento sobre tudo que faz parte da natureza. Produzir alimentos saudáveis, plantar ao invés de cortar, tratar adequadamente o destino do lixo, combater toda e qualquer prática de agressão à natureza, ser solidário com causas sociais, indignar-se contra as injustiças sociais e a exploração de qualquer espécie. É nosso dever saber cuidar.

Uma jovem senhora da comunidade da Lagoa do Junco iniciou a graduação em

43

Gestão Ambiental, na UERGS. Ela disse que escolheu esse curso porque quer aprender mais sobre ecologia e meio ambiente, para contribuir nessa área. Ela explicitou: "[...] desde criança participei com meus pais de encontros que discutiam a questão da água, do solo e da biodiversidade, fui tendo noção de preservação ambiental, do uso correto da terra, do consumo consciente, de justiça social". Esse interesse pelas questões ambientais remete à ideia de que:

> Educação Ambiental é um processo que afeta a totalidade da pessoa [...], e que deveria continuar na educação permanente. Possui uma forte inclinação para a formação de atitudes e competências, definidas, desde o seminário de Belgrado (1975), como: consciência, conhecimentos, atitudes, aptidões, capacidade de avaliação e de ação crítica no mundo. (MEDINA e SANTOS, 1999 p. 18)

As práticas educacionais das escolas de assentamentos e das escolas itinerantes derivam da educação popular, que é uma maneira de ensinar e aprender a partir do conhecimento do sujeito e de temas geradores vindos do cotidiano dos educandos. Sua principal característica é se valer, para o processo de ensino-aprendizagem, de temas oriundos dos saberes da própria comunidade. É uma educação comprometida e participativa (FREIRE,1996).

A construção do conhecimento ocorre, na prática, pela discussão de determinada problemática, em que os envolvidos constroem situações de ensino que os capacitam a desenvolver habilidades orais, escritas e corporais (CHARLOT, 2000).

Sobre a construção do conhecimento, Freire (1987, p. 70) salienta:

> Quanto mais se problematizam [...], como seres no mundo e com o mundo, tanto mais se sentirão desafiados. Tão mais desafiados, quanto mais obrigados a responder ao desafio. Desafiados compreendem o desafio na própria ação de captá-lo. Mas, precisamente porque captam o desafio como um problema em suas conexões com outros, num plano de totalidade e não como algo petrificado, a compreensão resultante tende a tornar-se crescentemente crítica, por isso, cada vez mais desalienada.

A educação popular pode ser aplicada em qualquer contexto, mas sua adoção é mais comum em assentamentos rurais, em aldeias indígenas, no ensino de jovens e adultos. Sobre isso uma mãe da comunidade disse:"[...] a escola tem que trabalhar com os alunos, para prepará-los para viver de uma forma diferente; se queremos que nossos filhos pensem mais no coletivo, a escola também têm que pensar" (Assentada T). Os assentados refletem sobre a natureza utópica de uma escola que resgate a cidadania e consiga debater a necessidade de inclusão em todos os sentidos. Conforme Freire (1991, p.43),é preciso fazer uma escola que"[...] estimula o aluno a perguntar, a criticar, a criar, onde se propõe a construção do conhecimento coletivo, articulando o saber popular e o saber crítico, científico, mediado pelas experiências no mundo".

Um dos assentados da comunidade Lagoa do Junco não teve oportunidade de estudar quando criança. Por serem as escolas longínquas, a educação era para poucos. Já adulto, ele estudou na cidade, em uma turma de Educação de Jovens e Adultos (EJA). Sobre essa experiência, relatou:"[...] eu até que gostava de estudar, mas não estou mais acostumado, e tive dificuldade com a matemática; sei negociar, comercializar os produtos, mas do meu jeito; algumas coisas a cabeça não ajuda, não dá mais para aprender".

A educação no Brasil foi, por muito tempo, privilégio das classes dominantes. Durante a ditadura militar, educadores populares como Freire tiveram que se exilar. Fazer a leitura de mundo era 'perigoso' para os governantes. A educação pública, nesse período, não podia despertar o cidadão para pensar.

Conforme Dias (1992, p. 4), "A única política educacional definida para o nosso povo, até então, havia sido a de tornar a educação inoperante [...]".

Na década de 1980, a educação, fortalecida pelo discurso democratizador, voltou a ser considerada valor indiscutível. Iniciava-se a luta por um tipo de democracia e de educação que atendesse os interesses das classes populares (ARROYO, 1986).

Um dos grandes desafios para a educação e para os educadores é a coerência entre o discurso e a prática. Os educadores do período pós-ditadura fizeram sua formação numa época de repressão e muitos não desenvolveram o censo crítico, elemento básico para a transformação.

Segundo Gutiérrez (1999, p. 29):

> Uma nova concepção de sociedade em que a educação possa exercer o seu papel, assumindo questionamentos e apontando caminhos, promovendo a sensibilização, para que haja conscientização sobre a questão ambiental e justiça social, são requisitos para o exercício da cidadania. Despertar o senso crítico de educandos e educadores para que a escola e os sujeitos sociais possam ser promotores de valores sociais, ambientais e culturais. As comunidades organizadas devem ser as promotoras de informações para as transformações necessárias.

A educação não-formal também tem um papel na construção de novos valores e de novas perspectivas, pois ela serve como complemento da educação formal, como ocorre na comunidade Lagoa do Junco. A educação, na sociedade atual, vai além dos conteúdos acadêmicos ministrados em sala de aula (GADOTTI, 1983).

Tanto a educação formal como a não-formal devem contribuir para uma nova organização social,

> [...] a socialização, a produção e o cultivo de saberes éticos, solidários e humanizadores, de comportamento e valores que possibilitem a construção de uma consciência social emancipadora e transformadora da realidade. Isto traz em seu bojo uma implicação pedagógica necessária, que é a combinação entre formação recebida e a ação concreta no espaço social. (CAMINI, CALDART e CITOLIN2004, p. 21)

Numa sociedade organizada sempre há um modelo de educação. No caso da comunidade do assentamento Lagoa do Junco, a pouca escolaridade dos trabalhadores foi compensada pela formação dentro do próprio movimento no convívio, na busca e na socialização do conhecimento. Como afirma Freire (1987, p. 68), educador que trouxe a inspiração para os movimentos sociais e a educação popular, "[...] o homem deve ser o sujeito de sua própria educação. Não pode ser objeto dela. Por isso, ninguém educa ninguém, ninguém educa a si mesmo, os homens se educam entre si, mediatizados pelo mundo".

A comunidade de assentados da Lagoa do Junco está construindo um novo modelo de sociedade onde vivem e trabalham de forma cooperativada e coletiva. Eles buscam, a cada dia, melhorar suas relações sociais, superar os conflitos, encontrar novas possibilidades de viver no coletivo, descobrir diferentes modos de produção agrícola ecológica. Por tudo isso, o grupo é alvo de estudos e pesquisas.

> Podemos, se é a nossa vontade, aproveitar as possibilidades criativas diante de nós e inaugurar uma era de renovada esperança. Que o nosso tempo seja lembrado pelo despertar de uma nova reverência à vida, por um compromisso firme de restauração da integridade ecológica da Terra, pelo avivamento da luta pela justiça e pelo outorgamento de poder aos povos, pelo cumprimento dos compromissos de cooperação na resolução dos problemas globais, pelo manejo pacífico da mudança e pela jubilosa celebração da vida. (GADOTTI, 2000 p. 210)

Nessa comunidade, tanto a educação formal como a não-formal são reconhecidas como importantes. A educação não-formal foi uma possibilidade de adquirir conhecimento encontrada pelos trabalhadores que não tiveram oportunidade de frequentar a escola. Para aqueles que frequentaram a escola, ela representa uma complementação. Todos os saberes são valorizados, quer tenham sido construídos em ambiente formal quer não-formal ou informal.

Escolarizar é incentivar a ter pensamento próprio; desafiar a interpretar a realidade; elevar o nível cultural; criar condições para que cada cidadão e cidadã construam seu destino, a partir de seus pontos de vista (CALDART, 2001).

Aprender é construir uma nova realidade, refletindo aquela vivenciada e buscando novas oportunidades.

A educação como prática da liberdade, ao contrário daquela que é prática da dominação, implica a negação do homem abstrato, isolado, solto, desligado do mundo, assim como também a negação do mundo como uma realidade ausente dos homens (FREIRE, 1987, p. 70).

Entre os educandos do assentamento Lagoa do Junco, não se observa conflito entre a maneira de viver da comunidade e a metodologia da escola, embora busquem complementar o currículo oferecido pela escola com a educação não-formal portadora de conceitos julgados importantes. Uma estudante do curso de graduação ressaltou: "Queria que fossem abordados temas sociais, como a moradia, a fome, a terra, mas acredito que no futuro será possível" (E).

Essa comunidade sempre mostrou vontade de mudar a realidade em que vivia: inicialmente sem um espaço de terra para plantar e sobreviver do trabalho que seus integrantes aprenderam com seus pais; depois como acampados; por último como assentados.

Nesse processo de organização, buscaram o direito à terra, à moradia e também à educação formal, considerado instrumento para a inclusão e a construção de uma sociedade consciente.

A maioria dos assentados da Lagoa do Junco aprendeu os saberes necessários na prática, portanto de maneira não-formal ou informal. São trabalhadores forjados por situações de dificuldades, em que a união e a cooperação tornaram-se instrumento de sobrevivência do grupo. No entanto, eles consideram a educação formal ou escolar necessária, mesmo o currículo escolar não sendo o ideal, por não contemplar temas ambientais e sociais.

Tanto a educação formal como a não-formal devem ser instrumento para a cooperação entre os homens; a reflexão sobre os meios de produção e consumo; o respeito às diferenças; a construção de um mundo mais humano em que os valores éticos prevaleçam e a justiça social seja efetiva.

6 - A construção de uma sociedade sustentável com trabalho cooperativado

Afagar a terra
Conhecer os desejos da terra
Cio da terra, propícia estação
De fecundar o chão.
Milton Nascimento/Chico Buarque

A comunidade do assentamento Lagoa do Junco fez uma caminhada de transformação e cooperação, tanto em relação à sustentabilidade quanto à vivência no coletivo. Como conseguiram chegar a esse estágio de sensibilização e como foi o caminho percorrido, assim como o que os motivou a esse modelo de organização são questões a serem analisadas, olhando-se para a construção de saberes necessários, o modo de produção, a vivência no coletivo, a preservação ambiental e a questão social.

No dizer dos moradores, houve muita força de vontade na estruturação da comunidade; eles aprenderam pela busca e pela persistência. Essa caminhada remete às palavras de Freire (1996, p. 69):" [...] aprender para nós é construir, reconstruir, constatar para mudar, o que não se faz sem abertura ao risco e à aventura do espírito".

Há entusiasmo nos moradores quando relatam o caminho trilhado. Segundo o depoimento de um assentado:

> [...] a estruturação coletiva ou comunitária para trabalhar em cooperativa, já vinha sendo discutida desde 1993, enquanto ainda éramos acampados e fazíamos as refeições no coletivo. A questão alimentar era uma preocupação constante.

Percebe-se que houve o entendimento da necessidade de apoio mútuo para a superação de dificuldades e a reflexão sobre uma nova estruturação que poderia beneficiar a todos os integrantes da comunidade. É também perceptível que obtiveram proveito das experiências positivas e das dificuldades. Quando ainda não tinham a posse da terra e viviam em acampamentos, a maior preocupação era com a sobrevivência, principalmente, para que houvesse alimentação necessária para todos. Naquele período, a cooperação entre eles foi fundamental.

A cooperação não é uma atitude exclusiva dos homens, pois, na natureza, alguns

48

insetos, como as abelhas e as formigas, dependem dela para sobreviver. O homem aprendeu, talvez com a natureza, as vantagem da ajuda mútua e, através dela, fez conquistas riquíssimas. Uma experiência, nesse sentido, é a dos assentados da comunidade Lagoa do Junco, os quais buscaram inspiração nas vantagens obtidas com as refeições coletivas para pensar e estruturar uma nova maneira de organização. Brotto (2001, p. 27) afirma que a "[...] cooperação é um processo onde os objetivos são comuns, as ações são compartilhadas e os resultados são benéficos para todos".

Depois de assentados, os agricultores iniciaram a experiência planejada enquanto estavam acampados: trabalhar coletivamente. Antes da formação da cooperativa, organizaram-se em grupos, como relata uma das entrevistadas: "[...] nos organizávamos por setor sempre com revezamento, a cozinha e os trabalhos eram realizados no conjunto, todos, homens e mulheres, ajudavam, todas as atividades, no coletivo, a cooperativa foi fundada três anos depois de assentados, em 1998".

A cooperativa foi a maneira que esses trabalhadores encontraram para ampliar benefícios que essa modalidade pode proporcionar aos sócios.

De acordo com Pinho (1961, p. 18):

> A história da cooperação esta estritamente articulada à história das organizações humanas na busca da construção da autonomia social. O cooperativismo sofre algumas modificações ao ser difundido em realidades econômico-sociais diferenciadas. No meio socialista ele colabora com um modelo de organização que pode facilitar a expansão desse sistema. No meio capitalista, vem representar elementos de oposição às práticas do liberalismo, sendo uma saída para a luta de trabalhadores que se unem para buscar melhores caminhos para a sobrevivência no meio capitalista.

A organização desses trabalhadores em grupos busca, com sua força produtiva, o benefício de toda a comunidade. Ela vem ao encontro do que afirma Freire (2008, p. 73), ao refletir sobre relações sociais, quando diz que" [...] é preciso saber a natureza das relações sociais que se dão na produção: se são relações de exploração ou se são relações de igualdade e de colaboração entre todos".

Nessa comunidade, as relações caracterizam-se pela colaboração e pela igualdade.

Em boa parte do assentamento, existe uma APP. Segundo o Código Florestal Brasileiro, artigos 2° e 3° (Lei 4.771/65), essas são áreas

> [...] cobertas ou não por vegetação nativa, com a função ambiental de preservar os recursos hídricos, a paisagem, a estabilidade geológica, a biodiversidade, o fluxo gênico de fauna e flora, proteger o solo e assegurar o bem-estar das populações humanas.

Esses espaços não podem ser objeto de exploração de nenhuma natureza. A APP do assentamento possui açudes, matas nativas e é motivo de orgulho para todos, conforme relata um assentado:"[...] a maior alegria foi receber os lotes depois de quatro anos acampados, a terra tão sonhada, em uma região com belíssimas fauna e flora e parte banhada pela Lagoa dos Patos".

Foram recebidos dois lotes por família: um para produção e outro para moradia, cujo conjunto formou a agrovila. Cada lote de produção tem em média 18,5 hectares. O açude de 78 hectares que dá nome a essa localidade - Lagoa do Junco - é medido como lote pelo Instituto Nacional de Reforma Agrária (INCRA). As famílias que receberam essa área, se fossem trabalhar individualmente, não teriam como plantar, reafirmando a importância do trabalho cooperativado, conforme relata um assentado:"[...] os agricultores, quando passam a fazer parte da cooperativa, passam a posse de seu lote de terra para a cooperativa. É uma maneira de contemplar os espaços para plantar e preservar. Na área da cooperativa, como a produção é coletiva, nenhum é prejudicado".

A maneira de trabalhar desse grupo chama a atenção pela preocupação para que todos possam plantar e, ao mesmo tempo, respeitar o meio ambiente. Uma trabalhadora explicou: "[...] o lote, a lavoura, não tem divisa, nós temos um número, sabemos onde fica, mas tudo é usado para todos, somente o lote de moradia onde é a casa, é individual".

A terra produtiva é usufruída por todos os cooperativados. As áreas de preservação são respeitadas sem prejuízo daqueles que nelas receberam seus lotes.

Os agricultores tiveram dificuldades até acertarem na escolha do que poderiam plantar na terra que conquistaram. Eles aprenderam, predominantemente de forma empírica, a maneira mais adequada de produzir. Conforme Altieri (2009, p 36),

> A vantagem do conhecimento popular rural é que ele é baseado não apenas em observações precisas, mas, também, em conhecimento experimental. Esta abordagem experimental é bastante evidente na seleção de variedades e sementes para ambientes específicos, mas também é implícita, na testagem de novos métodos de cultivo [...].

Os assentados iniciaram as plantações com produtos que conheciam e sabiam plantar: feijão, soja, milho e sorgo. A terra, no entanto, era apropriada para o plantio de arroz. "Arroz só conhecíamos no prato", revelou um trabalhador. Os agricultores não foram felizes com os produtos plantados inicialmente. Produziram muito pouco. Fizeram então outras tentativas. Conforme um assentado: "[...] os primeiros recursos de financiamento da união foram aplicados na criação de frango e suínos, mas não deu para fazer estrutura adequada. A vigilância sanitária deu um prazo para adequação e nós não pudemos cumprir por problemas financeiros".

A produção de leite iniciou com 80 vacas, para consumo da comunidade e venda do excedente. Entretanto, logo se depararam com problemas da área, que não é adequada para a produção de ração para o gado, pois no verão há estiagem e no inverno, os alagamentos. Assim limitaram a 15 a quantia de vacas, suficiente para o consumo de leite da comunidade e, atualmente, para fechar o ciclo de sustentabilidade na produção agrícola.

O assentamento localiza-se numa área geográfica onde há extensas propriedades de produção convencional de arroz, visando ao lucro acima de tudo. Os assentados no inicio foram atraídos pelas práticas das grandes empresas e renderam-se ao plantio convencional de arroz, ou seja, com o uso de fertilizantes e agrotóxicos. Sobre esse assunto, Gliessman (2009, p. 36) afirma:

> [...] agricultura convencional está construída em torno de dois objetivos que se relacionam: a maximização da produção e a do lucro. Na busca dessas metas, um rol de práticas foi desenvolvido sem cuidar suas consequências não intencionais, de longo prazo, e sem considerar a dinâmica ecológica dos agroecossistemas. [...] A produção de alimentos é tratada como um processo industrial no qual as plantas assumem o papel de fábricas em miniatura: sua produção é maximizada pelo aporte dos insumos apropriados, sua eficiência produtiva é aumentada pela manipulação dos seus genes, e o solo simplesmente é o meio no qual suas raízes são ancoradas.

Os agricultores do assentamento buscaram conhecimento com outros plantadores de arroz da região, por ser esse o produto adequado ao tipo de solo do local. No entanto, logo se decepcionaram, pois a modalidade convencional de plantio não os agradou, conforme relato da entrevistada T:

> No início era tudo convencional. Só na horta que nós não usávamos veneno, mas usava adubo e ureia. Na lavoura era passado veneno por um avião, que nós contratávamos. Chegou um ponto que ninguém queria 'banderiar', que é marcar onde o avião passa, todos viram que isso estava fazendo mal, envenenando tudo. Fazíamos rodízio de trabalhadores, mas percebemos que todos estavam adoecendo; o que deveria ser um ganho, gastávamos com remédio.

Os chamados defensivos agrícolas, ao exterminar agentes biológicos que podem interferir na produção agrícola, prejudicam a saúde dos trabalhadores: diretamente, por exemplo, pela exposição de trabalhadores aos produtos químicos despejados pelo avião agrícola; indiretamente, por exemplo, ao consumirem alimentos ou água contaminados.

51

Essas substâncias, apesar de serem cada vez mais utilizadas na agricultura, podem oferecer perigo para o homem, dependendo da toxicidade, do grau de contaminação, do tempo de exposição durante sua aplicação (CASTRO e CONFALONIERI, 2005).

Os agrotóxicos, também denominados pesticidas ou praguicidas, são atualmente responsáveis por um comércio que envolve bilhões de dólares em todo o mundo (STOPPELLI e MAGALHÃES, 2005). Existem relevantes interesses comerciais relacionados aos agrotóxicos, cujo uso foi inserido na cultura do povo e na produção agrícola e assimilado pelos agricultores. Sua necessidade é desmitificada pela adoção da produção orgânica: "A verdade nua e crua é que a maioria das inovações na área de biotecnologia alimentar foram motivadas pelo lucro e não pela necessidade"(CAPRA, 2001, p. 196).

Os agricultores do assentamento Lagoa do Junco perceberam os interesses que envolvem a produção convencional de alimentos, conforme relato de uma assentada: "Fomos nos conscientizando com o próprio movimento, sair da mão das grandes indústrias que produzem agrotóxicos, ganham muito lucro e destroem a natureza. Quem usa e aplica não sobra nada. O agricultor só ganha doença com isso" (T). Sobre o prejuízo dos agrotóxicos Gliessman (2009, p. 39) afirma: "Além de custarem uma quantia de dinheiro aos agricultores, os agrotóxicos [...] podem ter um efeito profundo no ambiente e, frequentemente, sobre a saúde humana".

Houve o entendimento pelos assentados que a maneira convencional de plantio do arroz, com uso de agrotóxicos, trazia muitos malefícios para a saúde e para o meio ambiente, pois ao ser despejado o veneno atingia as águas, o solo e toda a biodiversidade do local.

Conforme Capra (2005, p. 195):

> O desequilíbrio ecológico causado pelas monoculturas e pelo uso excessivo de produtos químicos resultou também num aumento enorme do número de pragas e doenças das plantações, combatidas pelos agricultores mediante a pulverização de doses cada vez maiores de pesticidas, num círculo vicioso de esgotamento e destruição. Os danos à saúde humana aumentaram correlativamente, à medida que uma quantidade cada vez maior de inseticidas tóxicos penetrava no solo, contaminava o lençol freático e chegava à nossa mesa.

Ao perceberem a nocividade dos agrotóxicos, os assentados buscaram possibilidades de produzir alimentos saudáveis.

Agrotóxicos, foi um dos temas tratados na 1° Conferência Nacional de Saúde Ambiental, realizada em dezembro de 2009 em Brasília, Distrito Federal, cujo lema era 'Saúde e Ambiente: vamos cuidar da gente'. A conferência também tratou sobre implementação da produção e do consumo agroecológico, eliminação do uso de agrotóxicos e atuação sobre os riscos relacionados aos processos de trabalho, tal como a exposição a substâncias nocivas.

Preocupados com as consequências da produção convencional de arroz, os assentados iniciaram uma discussão sobre o uso de agrotóxicos e resolveram realizar uma nova experiência, numa pequena extensão de terra. Ao tomarem essa decisão, mesmo sem conhecimento teórico, estavam indo ao encontro do que preconiza Gliessman (2009, p. 548):"[...] uma paisagem agrícola mais diversificada em uma unidade produtiva individual é reduzir ou eliminar quaisquer insumos agrícolas que tenham um efeito negativo em ecossistemas naturais e no funcionamento ecológico do agroecossistema". A nova experiência foi a rizipiscicultura que combina o cultivo do arroz irrigado com a criação de peixes na mesma área. Essa atividade desenvolveu-se sem o uso de agrotóxico ou fertilizantes industrializados, evitando a poluição da água e do meio ambiente. Os peixes alimentam-se de insetos, parasitas e plantas invasoras. Seus dejetos servem como adubo, além de removerem a terra dispensando aração do solo. Com esse processo, ocorre a diminuição do custo de produção e a otimização da área,como também não há exposição das pessoas que trabalham a produtos tóxicos (PEROZZI, 2004).

Uma assentada contou que, paralelamente à rizipiscicultura, "[...] a horta passou a ser totalmente orgânica e se chegou num tamanho comercial".

Percebe-se, nesse contexto, o esforço dos assentados na busca de mudança de paradigma: construir uma alternativa ao cultivo convencional que há pouco haviam conhecido. Freire (2008, p. 74) diz que"[...] a reorganização [...] em função das novas necessidades reconhecidas exigiria um pouco de esforço físico e o trabalho em comum. Desse modo, transformaríamos a velha organização [...] e criaríamos uma nova, de acordo com outros objetivos".

A rizipiscicultura, no entanto, foi mais uma experiência que não conseguiram levar adiante. Um trabalhador explicou: "[...] não conseguimos manter a produção. Apareceram muitos predadores para os peixes, a intenção é preservar o meio ambiente. Seria contradição matar a fauna para preservar a lavoura, então depois de quatro anos, desistimos dessa produção". Na fala desse agricultor fica claro que a preocupação com o meio ambiente está fortemente presente e interfere nas decisões sobre a maneira de produzir. Embora não tenham sido felizes nessa tentativa, existiu muito dinamismo e permaneceu a vontade de continuar tentando.

Uma modalidade de produção orgânica- a orizicultura - continuou em pequena escala, de modo experimental. Um assentado relatou: "[...] o pessoal que cuidava da lavoura orgânica se debruçou sobre como aprender a produzir fertilizante natural e outros produtos orgânicos para a lavoura, daí foi se criando conhecimento e, com o tempo, aprendemos". Os agricultores sabiam que, na região, havia um agrônomo que estava produzindo arroz orgânico. Ao fazer contato com ele, obtiveram informações e material didático sobre o assunto, de acordo com os objetivos da agroecologia.

Conforme Altiere (2009, p. 23),

> A agroecologia fornece uma estrutura metodológica de trabalho para a compreensão mais profunda da natureza dos agroecossistemas como dos princípios segundo os quais eles funcionam. Trata-se de uma nova abordagem que integra os princípios agronômicos, ecológicos e socioeconômicos à compreensão e avaliação do efeito das tecnologias sobre os sistemas agrícolas e a sociedade com um todo.

Os assentados empenharam-se em aprender a metodologia para a produção de arroz orgânico. No entanto, iniciaram essa produção com muitas dúvidas e insegurança, conforme relato de um agricultor: "[...] existia na região, a crença de que não seria possível produção orgânica de arroz". Os assentados começaram a experiência em um hectare, sem uso de qualquer produto químico inorgânico. Conforme revelou assentado: "[...] produziu não na mesma proporção que o arroz convencional, mas produziu. No início, quando ainda existiam resíduos de químico na terra, a produção quase se igualava, depois a produção foi caindo".

O solo possui organismos vivos que servem para fertilizar a terra. Quando se aplicam produtos químicos para combater os agentes biológicos 'nocivos' para a produção, eles acabam matando todos os organismos vivos. Assim, o solo, na passagem da plantação convencional para a agricultura orgânica, exige um espaço de tempo para a recuperação da biodiversidade. "Durante sua vida no solo, a matéria orgânica desempenha muitos papéis importantes, todos significativos para a agricultura sustentável" (GLIESSMAN, 2009, p. 230).

A terra deve cumprir um papel social, que é o de produzir alimentos saudáveis para a humanidade. Os agricultores avaliam que há diminuição na quantidade da produção, porém o custo é menor, pois os fertilizantes são produzidos na propriedade. Sobre sustentabilidade agrícola, Altieri (2009, p. 81) afirma:

> A sustentabilidade agrícola, embora de reconhecida importância em todo o mundo, tem pouca participação na definição de políticas econômicas. Ela não é medida

por nenhum indicador comumente empregado, nenhuma convenção lhe atribui valor e nenhuma definição amplamente aceita a descreve. [...] a análise econômica deve ser redimensionada de forma a promover a sustentabilidade agrícola, contabilizar o uso dos recursos naturais e refletir o real valor da produção e da política agrícola.

Ainda não há incentivos suficientes para a produção orgânica de alimentos, porque não são contabilizados os valores dos recursos naturais economizados nessa modalidade de produção.

Os agricultores do assentamento entenderam que se deve produzir e levar em conta a saúde do trabalhador e do consumidor e a preservação do ambiente. Como bem diz Gadotti (2000, p. 203): "A escolha é nossa: cuidar a terra e uns aos outros, ou participar da destruição de nós mesmos e da diversidade da vida". Os assentados decidiram cuidar da terra e desenvenená-la, conforme salientou o assentado I:

> Demorou a conseguir fazer com que a terra ficasse despoluída e gerasse novamente vida. Desde 1992, até 2009. Agora se percebe que está melhorando, mas ainda não está totalmente despoluída. No início a terra ficou sem os químicos inorgânicos e ainda não conseguia gerar a biodiversidade do solo para ajudar na produção orgânica.

A produção orgânica foi aumentando gradativamente, passando para 10 hectares, depois para 40 hectares. Os assentados começaram então a discutir, em assembleia, a possibilidade de passar a produzir somente produtos orgânicos, como contou a entrevistada T:

> Realizamos uma assembleia, depois de muita conversa, decidimos e mudamos de vez, de uma hora para outra. Uns achavam que nós éramos loucos, iríamos perder com isso, não daria produtividade. Mas não damos bola. Foi decidido em assembleia ou é tudo ou é nada e agora era orgânico. A horta passou a ser só ecológica, os animais, o arroz, tudo.

Depois dessa decisão corajosa, empenharam-se na produção de alimentos ecológicos, visando, simultaneamente, a conseguir sobreviver com seu trabalho. "Para aumentar o rendimento, controlar as pragas e fazer crescer a fertilidade do solo, o agricultor que faz plantação 'orgânica' usa uma tecnologia baseada no conhecimento ecológico, não na química nem na engenharia genética" (CAPRA, 2005, p. 199).

Havia a necessidade de os assentados aprenderem novas tecnologias. Mesmo com algumas tentativas frustradas, eles seguiram a conciliação entre trabalho agrícola e preservação do meio ambiente. A esse respeito Reigota (2008 p. 63) afirma:

> A agricultura orgânica e a agricultura ecológica procuram o equilíbrio entre as plantas cultivadas, os seres vivos do ecossistema e o desenvolvimento da vida do solo, de forma que ocorra uma interação harmoniosa entre o homem com o meio ambiente. Para atingir esse equilíbrio, a agricultura orgânica preconiza alguns princípios fundamentais: eliminação definitiva dos fertilizantes químicos, controle de pragas e doenças com pulverização de produtos naturais, incentivo de defesas naturais e promoção da biodiversidade.

Embora os assentados não conseguissem produzir o arroz orgânico nas mesmas proporções do convencional, não tiveram prejuízos, pois os produtos utilizados para fertilização do solo eram feitos por eles mesmos, usando casca de arroz, resíduos e dejetos dos animais etc., prática que possibilitou menor custo de produção.

Nos cursos de formação oferecidos aos assentados pelo MST, um dos temas é a agricultura orgânica. A assentada T relatou: "[...] na verdade dentro da organização do movimento, desde que eu entrei, sempre foi trabalhado muito essa questão orgânica de cuidar e cultivar semente crioula de cuidar para ela não terminar e da agricultura sustentável".

Na realidade, o que o MST proporcionava, nos cursos de formação e seminários, era sensibilização para a aceitação, pelos agricultores, de uma mudança na forma de produção, passando da maneira convencional para a agoecológica. A formação não era, portanto, de técnicas de produção, mas de preparação para a mudança de paradigma.

Os movimentos ambientais, desde suas origens, questionam ações da sociedade capitalista, como o modo de produção e a exploração do homem e do meio ambiente. "A proteção da natureza, o não-consumo, a autonomia, o pacifismo eram apenas algumas das muitas bandeiras empunhadas por aqueles que começavam a ser chamados 'ecologistas' (GRÜN,1996, p. 36).

O modelo capitalista de produção agrícola visa ao mercado e ao lucro. A economia gira não em função da produção e do bem-estar do ser humano, mas do enriquecimento de elites e especuladores. Sobre isso, Penna (1999, p. 216) afirma:

> O capitalismo moderno deu à luz o consumismo, o que criou raízes profundas entre as pessoas. O consumismo tornou-se a principal válvula de escape, o último reduto de auto-estima em uma sociedade que está perdendo rapidamente a noção de família, de convivência social [...].

No capitalismo, os mercados são manipulados e transformados em estratégias de investimento. No presente, torna-se cada vez mais claro que sua forma atual é insustentável, necessitando ser fundamentalmente replanejada.

A perda da qualidade de vida do ser humano está relacionada a: uso indevido do solo; perda da biodiversidade; poluição; alterações climáticas; alterações nos biomas e ecossistemas. Repensar o modelo econômico e viabilizar uma maneira inclusiva de produção que garanta a sustentabilidade torna-se responsabilidade de todos. Comunidade sustentável é geralmente definida como aquela capaz de satisfazer suas necessidades e aspirações, sem reduzir as possibilidades futuras para as próximas gerações (CAPRA, 2003).

A comunidade do assentamento Lagoa do Junco deseja trabalhar com responsabilidade e em harmonia, sem degradar o ambiente, respeitando a biodiversidade, preservando a saúde dos agricultores. Ela quer que todos tenham uma vida saudável e consigam sobreviver pelo trabalho realizado sem exploração dos recursos naturais.

A assentada T contou, em seu relato, que

> A remuneração do trabalho se dá assim: se eu começar das seis até à uma da tarde, anoto num livro ponto. Todos os setores têm isso, todos marcam ali. no fim do mês vai para a secretaria e é feito a soma das horas de cada um. Não é todo mês que a hora tem o mesmo valor. Depende da sobra que se tem: é o valor da hora. Então é descontado o alimento que eu peguei: arroz, carne, banha, ovos, leite, queijo, enfim tudo, o resto vem para mim, eu pago luz, gás, material de higiene e o que sobrar faço o que achar melhor. Então varia. Num setor se trabalha mais outro menos, mas o valor da hora é igual para todos, não tem distinção nenhuma.

Percebe-se, nessa fala, que há tratamento igualitário entre todos os trabalhadores, sem discriminação das tarefas realizadas nem de gênero. "A grande generosidade está em lutar para que" [...] essas mãos, sejam de homens ou de povos, se estendam menos, em gestos de súplica. Súplica de humildes a poderosos. E se vão fazendo, cada vez mais mãos humanas, que trabalhem e transformem o mundo" (FREIRE,1996).

No assentamento existe uma padaria que fica junto à cooperativa onde são produzidos pães e bolachas, para o consumo da comunidade e para vender. Esses alimentos são os únicos que não são orgânicos devido ao alto custo da matéria-prima a qual, não conseguem produzir ainda no assentamento. Existe a intenção de, no futuro, conseguir produzir na padaria produtos orgânicos.

Os agricultores, depois de muitas tentativas, conseguiram que o total da produção agrícola seja agroecológica. Com a força de seu trabalho, conquistaram uma agroindústria de beneficiamento de arroz orgânico.

57

Conforme relatou um assentado:

> Hoje nós, os cooperativados, temos uma agroindústria de beneficiamento de arroz.Onde tinha um depósito de grãos aos poucos fomos aumentando, colocamos a primeira maquina depois vieram outras, houve a opção pelo beneficiamento, porque ao entrar como produção orgânica tinha um acréscimo no valor final, esse valor compensaria a diferença na quantidade produzida. Para esse ano estamos pretendendo aumentar as máquinas. O beneficiamento se faz para outros produtores como prestação de serviço, mas somente de arroz orgânico.Tem um inspetor que acompanha as lavouras e dá a certificação, é rasteado, se não chegar com a assinatura do inspetor não recebemos o arroz (Assentado I).

A conquista desses agricultores prova que é possível articular a produção orgânica com vida digna.

Na Agenda 21, elaborada pela Conferência das Nações Unidas sobre o Meio Ambiente e o Desenvolvimento, realizada no Rio de Janeiro, em junho de 1992, são definidas as diretrizes para o desenvolvimento sustentável e enunciados os problemas a serem sanados para melhorar a vida da humanidade. O documento salienta que é responsabilidade de todas as nações esforçarem-se para melhorar a vida no planeta. A maneira mais correta para o desenvolvimento sustentável, na agricultura, é a agroecologia.

Conforme Capra (2005, p. 199):

> A agricultura orgânica é sustentável porque incorpora princípios ecológicos testados e comprovados pela evolução no decorrer de bilhões de anos. O agricultor orgânico sabe que um solo fértil é um solo vivo, que contém bilhões de organismos vivos [...]. A energia solar é o combustível natural que põe em movimento esses ciclos ecológicos, e organismos vivos de todos os tamanhos são necessários para manter o sistema todo e mantê-lo em equilíbrio.
> A agricultura orgânica preserva e mantém os grandes ciclos ecológicos, integrando seus processos biológicos aos processos de produção de alimentos. Quando o solo é cultivado organicamente, o seu conteúdo de carbono aumenta, e assim a agricultura orgânica contribui para a redução do aquecimento do planeta.

O novo paradigma, visando ao desenvolvimento sustentado, exige profunda revisão da ordem econômica e social, configurando-se como um dos maiores desafios da humanidade.

A cidadania ambiental, na perspectiva do desenvolvimento sustentável, compreende as obrigações éticas que vinculam o ser humano tanto à sociedade como aos recursos naturais do planeta, de acordo com papel social de cada um (GUTIÉRREZ, 1999).

A comunidade pesquisada garantiu o direito à cidadania pela persistência na aprendizagem de novas tecnologias, pelo trabalho, pela cooperação entre todos.

Segundo o PRONEA, a ameaça à biodiversidade está presente em todos os biomas, em decorrência, principalmente, do desenvolvimento desordenado de atividades produtivas. A degradação do solo, a poluição atmosférica e a contaminação dos recursos hídricos são alguns dos efeitos nocivos observados.

As estratégias de enfrentamento da problemática ambiental, para surtirem o efeito desejado na construção de sociedades sustentáveis, envolvem articulação entre todos os tipos de intervenção ambiental direta ou indireta, incluindo as ações em EA.

A produção orgânica é uma atividade sustentável, pois não polui nem esgota os recursos do solo, preservando a vida.

Conforme Reigota (2008 p. 63):

> A agricultura orgânica e a agricultura ecológica procuram o equilíbrio entre as plantas cultivadas, os seres vivos do ecossistema e o desenvolvimento da vida do solo, de forma que ocorra uma interação harmoniosa entre o homem com o meio ambiente. Para atingir esse equilíbrio, a agricultura orgânica preconiza alguns princípios fundamentais: eliminação definitiva dos fertilizantes químicos, controle de pragas e doenças com pulverização de produtos naturais, incentivo de defesas naturais e promoção da biodiversidade.

O desenvolvimento rural sustentável requer planejamento, de modo a viabilizar sua rentabilidade, o progresso dos agricultores, a utilização da terra de maneira eficiente que proporcione impacto positivo tanto no meio ambiente como para o homem e a sociedade.

Os assentados da Lagoa do Junco têm consciência das vantagens advindas do consumo de produtos ecológicos, conforme corrobora o relato do assentado I:

> A preocupação é para que todos tenham uma boa alimentação, só é vendido o que excede da produção. O consumo de produtos agrícolas é todo orgânico, quando não há produção na comunidade, de determinado alimento, troca-se com outra comunidade ou compra-se, mas sempre orgânico.

A atual produção de arroz do assentamento Lagoa do Junco é de aproximadamente 25 mil sacos a cada safra. Já foi feita a exportação de arroz, mas ela não foi mantida, porque o valor pago na exportação é inferior ao do mercado interno. Aqui a entrega é feita com a marca da cooperativa e, na exportação, tinham que mudar a marca.

No mercado interno, a produção é vendida para a Companhia Nacional de Abastecimento (CONAB). De acordo com o relato de um assentado: "[...] vai para as creches, asilos, merenda escolar, assim conseguimos atingir as pessoas com menos poder financeiro e que merecem alimentação de qualidade, garantindo a segurança alimentar". É visível, nessa comunidade, a preocupação com a questão social e a satisfação por poderem, com o seu trabalho, beneficiar as pessoas que se encontram em situação de vulnerabilidade social.

Conforme Gadotti (2000 p. 210):

> Podemos, se é a nossa vontade, aproveitar as possibilidades criativas diante de nós e inaugurar uma era de renovada esperança. Que o nosso tempo seja lembrado pelo despertar de uma nova reverência à vida, por um compromisso firme de restauração da integridade ecológica da Terra, pelo avivamento da luta pela justiça e pelo outorgamento de poder aos povos, pelo cumprimento dos compromissos de cooperação na resolução dos problemas globais, pelo manejo pacífico da mudança e pela jubilosa celebração da vida.

A produção orgânica de alimento não é meramente uma produção, pois ela envolve implicações sociais e a conscientização dos valores, do coletivo, do humano e do meio ambiente.

Verifica-se, no presente, aumento no número de projetos e práticas ecologicamente orientadas de agricultura sustentável. Existe otimismo de que possa haver um renascimento mundial da agricultura orgânica, entretanto essa atividade ainda é muito pequena se comparada à produção convencional de alimentos (CAPRA, 2003).

> Precisamos ter clareza que a biodiversidade enriquece e mantém o equilíbrio e a harmonia da terra e de todos os seres vivos. Sem um horizonte que nos encante e nos torne esperançosa a luta, não passaremos de tarefeiros, carentes de perspectivas e de resultados. (GANDIN, 1995, p. 54)

Os agricultores do assentamento Lagoa do Junco têm uma maneira diferenciada de trabalhar, por terem construído a possibilidade de produzir, de forma cooperativada e coletiva, produtos agroecológicos. Na busca de melhores condições de vida, esses assentados superaram o individualismo e aprimoraram a maneira de trabalhar. Agora, com a produção de sementes de arroz no próprio assentamento, alcançaram a culminância do ciclo de sustentabilidade.

Segundo o Programa das Nações Unidas para o Desenvolvimento (PNUD) (1998, p. 65),

> O consumo sustentável significa o fornecimento de serviços e de produtos correlatos, que preencham as necessidades básicas e dêem uma melhor qualidade de vida, ao mesmo tempo que se diminuiu o uso de recursos naturais e de substâncias tóxicas, assim como as emissões de resíduos e de poluentes durante o ciclo de vida do

serviço ou do produto, com a ideia de não se ameaçar as necessidades das gerações futuras.

Diferentemente do início do movimento, hoje existe formação na área de agroecologia. Os dirigentes organizam parcerias com universidades e com a Empresa Brasileira de Pesquisa Agropecuária (EMBRAPA). Essa comunidade é um exemplo de organização e de perseverança. Apesar de muitas tentativas frustradas, não desistiram, superaram as dificuldades e consolidaram a produção ecológica e sustentável de alimentos. Com muita persistência, os assentados fizeram a transição da agricultura convencional para a orgânica.

De acordo com Capra (2005, p. 272):

> É verdade que a transição para um mundo sustentável não será fácil. Mudanças graduais não serão suficientes para virar o jogo; vamos precisar também de algumas grandes revoluções. A tarefa parece sobre-humana, mas, na verdade, não é impossível. Nossa nova concepção dos sistemas biológicos e sociais complexos nos mostrou que perturbações significativas podem desencadear múltiplos processos de realimentação que podem produzir rapidamente o surgimento de uma nova ordem. A história recente nos deu alguns exemplos marcantes dessas transformações dramáticas – da queda do Muro de Berlim e da Revolução de Veludo, na Europa, até o fim do Apartheid na África do Sul.

O desafio atual de ecologistas é efetivar ações concretas que levem o capital econômico a ajudar na melhoria das questões ambientais e sociais.

No assentamento Lagoa do Junco, a preservação dos recursos naturais não-renováveis e da biodiversidade é um valor permanente.

Quanto à relação entre a EA e a organização de agricultores em cooperativa numa sociedade sustentável, observa-se que, nessa comunidade, a educação, tanto geral quanto ambiental, ocorreu de maneira não-formal, através de reflexões, convivência de uns com os outros, busca de alimentação saudável, construção de valores coletivos, persistência em produzir alimentos orgânicos, respeito ao meio ambiente e avaliação sobre o uso de agrotóxicos. Conclui-se, portanto, que, nesse assentamento, a EA e a organização numa sociedade sustentável desenvolveram-se paralelamente.

O artigo 1º da Lei nº 9.795, de abril de 1999 assim define EA:

> Entende-se por educação ambiental os processos por meio dos quais o indivíduo e a coletividade constroem valores sociais, conhecimento, habilidades, atitudes e competências voltadas para a conservação do meio ambiente, bem de uso comum do povo, essencial à sadia qualidade de vida e sua sustentabilidade.

61

A comunidade do assentamento Lagoa do Junco construiu conhecimento pela mediatização de uns com os outros e na busca de possibilidades de melhores condições de vida. Fizeram das dificuldades e das experiências dos tempos de acampados a base para a construção de uma sociedade que trabalha e vive de maneira coletiva. Foram persistentes e críticos, passando por várias experiências de produção agrícola, desde a produção de produtos agrícolas que conheciam e sabiam plantar, cruzando pela produção convencional de arroz, pela rizipiscicultura, pela criação de animais, até a produção orgânica de alimentos.

Os agricultores souberam buscar o conhecimento necessário para novas experiências e se arriscaram em novas possibilidades. Assim conquistaram a sustentabilidade na produção de alimentos orgânicos e a certificação de qualidade.

O mais admirável nessa comunidade é a preocupação com o meio ambiente, com todos os seres vivos, com o trabalho coletivo e com a questão social.

7 - Considerações Finais

Ao se analisar a trajetória dos assentados da comunidade Lagoa do Junco, percebe-se que trilharam um duro caminho até chegarem à sustentabilidade. Organizados, homens e mulheres dividiram tarefas e responsabilidades e, enquanto ainda estavam acampados em barracos de lona, planejaram o futuro. Passaram por dificuldades diversas, tendo como seu principal desafio suprir uma necessidade básica elementar: alimentação para todos.

Enquanto aguardavam a conquista da posse da terra, os acampados trabalhavam em grupos de cooperação. Essa experiência serviu de alicerce para o trabalho coletivo, pelo qual optaram após assentados.

A terra conquistada num local geograficamente privilegiado, com lindas paisagens, açudes, lagoa, mata nativa, fauna e flora abundantes, é um orgulho para esses assentados.

Ao final deste estudo, que teve como problematização inicial a relação entre EA e organização de agricultores em cooperativa numa sociedade sustentável, chega-se a um conjunto multifacetado de aspectos que auxiliam na construção de respostas: (1) a comunidade analisada atribui grande valor à educação, valorização essa construída nas vivências coletivas e no permanente diálogo entre a teoria e as experiências vividas; (2) a observação e a reflexão críticas sobre os malefícios da produção convencional para o ambiente estiveram no centro do gradativo movimento em direção à sustentabilidade; (3) o respeito ao ambiente consolidou-se como prática cotidiana e reflete-se nas ações rotineiras, desenvolvidas pelos sujeitos da comunidade; (4) a educação ambiental de crianças e jovens ocorre tanto pelo vivenciar de um modelo sustentável como pela intencionalidade dos pais no processo educativo.

Nas respostas dos agricultores entrevistados, percebeu-se que a preocupação dessa comunidade não é somente com EA na escola, mas com a educação como um todo. A formação dos primeiros agricultores realizou-se tanto pela educação formal e alfabetização funcional, como pela educação não-formal, no Movimento dos Trabalhadores Rurais Sem Terra.

Os assentados são críticos quanto à qualidade da educação formal. Acreditam que a escola pode fazer mais, principalmente a respeito das questões ambientais e sociais. Em suas falas salientam que educadores comprometidos com a EA e com a justiça social podem ser agentes de transformação para um mundo mais humano, pois crianças e adolescentes passam mais tempo com os professores do que com os pais.

Há, na comunidade de assentados, o entendimento que a escola e os educadores podem contribuir para mudar a realidade, através do planejamento e do desenvolvimento de atividades que contribuam para pensar o 'coletivo'.

Para essa comunidade, EA é a transformação da maneira de pensar, agir e viver, é há harmonia entre produção agrícola e a preservação ambiental. A EA nesse assentamento realizou-se, portanto, na construção conjunta de conhecimento, sustentada pela percepção dos agricultores sobre os efeitos dos agrotóxicos para os indivíduos e para o meio ambiente.

Esse grupo preocupa-se com o meio ambiente e procura cuidá-lo, como demonstra concretamente o fato de terem recuado diante das consequências prejudiciais da agricultura convencional.

Desafiando crenças locais, os agricultores foram persistentes e obtiveram êxito com a agricultura orgânica. Coerentes com essa concepção, não levaram adiante a rizipiscicultura, pois havia muitos predadores e eles não queriam destruir a fauna para preservar a produção de arroz. Evidencia-se nisto a evolução de seu entendimento a respeito da biodiversidade.

Quando os assentados trabalharam com rizipiscicultura, paralelamente experimentaram, em um hectare de terra, a rizicultura totalmente orgânica.

Aos poucos romperam mitos como o de que arroz só se produz de maneira convencional e que agroecologia só é possível em pequena propriedade.

Ao realizarem os trabalhos no coletivo, cooperativados, formaram uma só propriedade, juntando a área de todos.

A EA, nessa comunidade, ainda ocorre informalmente na prática do cotidiano, de maneira intencional, pois as crianças, desde pequenas, aprendem com os pais valores importantes para uma vida saudável. Assim, a educação não-formal complementa o currículo escolar.

A alimentação tem um destaque especial para esse grupo. Por conservarem muito presentes as dificuldades dos tempos de acampados, orientam as novas gerações sobre o consumo consciente.

Os agricultores do assentamento Lagoa do Junco praticam um modelo de produção que respeita o meio ambiente e a biodiversidade, o qual poderá se tornar uma solução para os problemas de contaminação e de destruição ambientais.

Os assentados compreenderam a importância da cooperação, de modo que a maneira coletiva de trabalhar beneficiou a todos, especialmente aqueles cujos lotes situam-se em local de preservação permanente, não-agricultável. Ao participarem da cooperativa, todos doam seus lotes a ela e, sendo a produção coletiva, todos os cooperativados usam a área disponível para plantação.

Com a produção de sementes orgânicas no próprio assentamento, os assentados estão alcançando a culminância do ciclo de sustentabilidade. Até agora, não houve sobra de capital, pois todos os rendimentos foram reinvestidos no assentamento. Sua mais recente conquista foi a agroindústria para o beneficiamento de arroz orgânico.

O longo caminho percorrido foi espinhoso, cheio de incertezas e insegurança. Os assentados tiveram muita disposição para superar as dificuldades e os conflitos da vivência em comunidade. Encontraram forças na compreensão e no apoio mútuos, na solidariedade e no diálogo.

O grupo tem esperança de que o próximo ano agrícola seja o primeiro em que haverá sobra de capital. Tal questão desperta curiosidade: como se comportará essa comunidade diante da possibilidade de poder consumir mais?

A presente pesquisa proporcionou o entendimento sobre a maneira de produção e de organização de uma comunidade que, com muita determinação, construiu sua história de vida. Seus integrantes souberam ser críticos na definição da maneira de produzir alimentos, tomaram a decisão de tentar alternativas e, embora tenham tido muitas frustrações, não desistiram até conquistar o planejado.

Os assentados da Lagoa do Junco sempre tiveram uma certeza: não queriam deixar de serem trabalhadores rurais, queriam uma maneira viável e sustentável de continuar no campo, e conseguiram. A partir de seu modelo de produção, é possível considerar que a produção orgânica de alimentos é economicamente viável.

Essa comunidade construiu uma nova história para suas vidas, confirmando as palavras de Freire (1987, p. 127):"[...] não há história sem homens, como não há uma história para os homens, mas uma história de homens que, feita por eles, também os faz [...]".

Na realização da pesquisa e na comunicação da mesma pude perceber que despertava algo novo, muito prazeroso: a curiosidade de buscar respostas, de comparar e de novas leituras. Acredito que consegui despertar algo que estava guardado: o gosto pela pesquisa. Paulo Freire foi meu grande inspirador e 'com' ele iniciei minha caminhada como educadora e continuo construindo e reconstruindo meus saberes e minha história.

Referências

ALTIERI, Miguel. **Agroecologia**: a dinâmica produtiva da agricultura sustentável. Porto Alegre: Editora da UFRGS, 2009.

ANGROSSINO, Michael. **Etnografia e observação participante**. Porto Alegre: Artmed, 2009.

ARROIO, Miguel G. **Da escola carente à escola possível**. São Paulo: Loyola, 1986.

BOFF, Leonardo. Ética e Moral: a busca dos fundamentos. Petrópolis: Vozes, 2003.

BRASIL. Ministério da Educação.**Projeto de divulgação de informação sobre Educação Ambiental.**Brasília, 1991.

BRASIL. Ministério da Cultura. Biblioteca Nacional. **Ethera – Revista de Educação Ambiental**. Rio de Janeiro, 1989.

BROTTO, Fábio Ortiz. **Jogos Cooperativos**: o jogo e o esporte como um exercício de convivência. São Paulo: Projeto Cooperação, 2001.

CALDART, R. SALETE. O Currículo das escolas do MST:alfabetização e cidadania: **Revista de educação de jovens e adultos**: São Paulo, n. 11, abr. 2001.

CAMINI, I.; CALDART, R.S.; CITOLIN, S. Coletivo político do Instituto de Educação Josué de Castro.In: **Cadernos do Instituto Técnico de Capacitação e Pesquisa da Reforma Agrária**. Veranópolis, ano IV, n. 10, dez. 2004.

CAPRA, Fritjof. **Asconexões ocultas**: ciência para uma vida sustentável. Tradução de Marcelo Brandão Cipolla. São Paulo: Cultrix, 2005.

_____. **A Teia da Vida.**Tradução de Marcelo Brandão Cipolla. São Paulo: Cultrix, 2004

CASTRO, J. S. M; CONFALONIERI, U. Uso de Agrotóxico no Município de Cachoeiras de Macacu (RJ). **Ciência e Saúde Coletiva**, 2005.

CERIOLI, Paulo R. **Método Pedagógico**. Veranópolis. n. 9., dez. 2004.

CHARLOT, B. **Da relação com o saber**: elementos para uma teoria.tradução de Bruno Magne. Porto Alegre: Artes Médicas Sul, 2000.

CNUMAD - Conferência das Nações Unidas sobre Meio Ambiente e Desenvolvimento(Rio92). **Agenda 21**. Curitiba: Ipardes, 2001.

DEMO, P. **Metodologia científica em Ciências Sociais**. São Paulo: Atlas, 1995.

DESLANDES, Suely Ferreira. **Pesquisa social**: teoria, método e criatividade. Petrópolis: Vozes,1994.

DIAS, Genebaldo Freire. **Educação Ambiental**: princípios e práticas. São Paulo: Gaia, 1992.

_____.**Ecopedagogia e Cidadania Planetária:** São Paulo: Cortez/Instituto Paulo Freire, 1999.

ECKERT, Cornélia; ROCHA, Ana Luiza Carvalho. **Etnografia**: saberes e práticas. Porto Alegre: Editora da UFRGS, 2008.

FIQUEIREDO, Paulo Jorge de Moraes. **Sustentabilidade Ambiental**: aspectos conceituais e questões controversas. Brasília:MEC, 2001.

FREIRE, Paulo. **Pedagogia da esperança**: um reencontro com a pedagogia do oprimido. São Paulo: Paz e terra, 2008.

_____. **Pedagogia da autonomia: saberes necessários à prática educativa**. São Paulo: Paz e terra, 1996.

_____.**Pedagogia do oprimido**. Rio de Janeiro:Paz e terra, 1987.

GADOTTI, Moacir. **Educação e Poder**: introdução a pedagogia do conflito.1.ed. São Paulo: Cortez/Autores associados, 1983.

_____.**Pedagogia da Terra.** São Paulo: Petrópolis, 2000.

_____.**Educar para a sustentabilidade**: uma contribuição à década da educação para o desenvolvimento sustentável. São Paulo: Editora e Livraria Instituto Paulo Freire, 2008.

GARCIA, V. A. **A educação não formal no âmbito do poder público**: avanços e limites. São Paulo: Editora Unicamp, 2001.

GODOY, A.M.G.; EHLERT, L.G.Desenvolvimento econômico e meio ambiente. In: **Cadernos de Economia**. Chapecó, ano 5, n. 9, jun/dez. 2001.

GLIESSMAN, Stephen R. **Agroecologia**: processos ecológicos em agricultura sustentável. Porto Alegre: UFRGS, 2009.

GOHN, Maria da Glória. Educação não-formal, participação da sociedade civil e estruturas colegiadas nas escolas. **Ensaio**: avaliação e políticas públicas em educação, vol.4, n. 50,2006.

GRÜN, Mauro Ética e Educação Ambiental: a conexão necessária. Campinas: Papirus, 1996 11ª Edição 2007.

GUTIÉRREZ, Francisco Cruz Prado. **Ecopedagogia e cidadania.** São Paulo: Cortez, 1999.

KINDEL, Aita Isaias; SILVA, Fabiano Weber; SAMMARCO, Yanina. **La Educacion ambiental**: lãs grandes orientaciones de La conferencia de Tbilisi.Paris: UNESCO, 1979.

LAKATOS, Eva Maria. **Fundamentos de metodologiacientífica**. São Paulo: Atlas 2008.

LOUREIRO, F. B. Carlos; LAYRARGUES, P. Philippe; CASTRO,Medina; NANÁ Mininni; SANTOS, Elizabeth da Conceição.**Educação ambiental**: uma metodologia participativa de formação:Petrópolis: Vozes, 1999.

LUDKE, M; ANDRÉ, M. E. **Pesquisa em educação**: abordagens qualitativas. São Paulo: EPU, 1986.

MEDINA, NANÁ M.; SANTOS, E. da Conceição. **Educação Ambiental**: uma metodologia participativa de formação.2.ed. Petrópolis: Vozes, 1999.

MORAES, Roque; GALIAZZI, Maria do Carmo. **Análise Textual Discursiva.** Ijuí: Unijuí, 2007.

MORAES, R.Uma tempestade de luz: a compreensão possibilitada pela análise textual discursiva.**Ciência & Educação**: Bauru, v. 9, n. 2, p. 191-210, 2003.

MORETTO, Vasco Pedro. **Prova**: um momento privilegiado de estudo, não um acerto de contas. 5.ed. Rio de Janeiro, 2005.

NEVES, Vanessa Ferraz Almeida. **Pesquisa-ação e etnografia**: caminhos cruzados. São João Del-Rei,v.1, n.1, 2006.

NOAL, Fernando Oliveira; BARCELOS, Valdo de Lima (Orgs.). **Educação ambiental e Cidadania**: cenários brasileiros. Santa Cruz do Sul: EDUNISC, 2003.

PEDRINI, Alexandre de Gusmão (org). **Educação Ambiental**: reflexões e práticas contemporâneas.Petrópolis: Vozes, 1997.

PINHO, D. B. **Cooperativismo nos meios capitalista e socialista**: suas modificações e sua utilidade. São Paulo: Secção gráfica USP, 1961.

REIGOTA, Marcos. **O que é Educação Ambiental**. São Paulo: Brasiliense, 1994.

_____.**Educação ambiental**: utopia e práxis.São Paulo: Cortez, 2008.

RODRIGUES, Vera Regina (org). **Muda o mundo, Raimundo!** Educação ambiental no ensino básico do Brasil. Brasília: WWF/MMA, 1997.

ROHDE, Geraldo Mario. **Epistemologia ambiental**: uma abordagem filosófico-científico.Porto Alegre: EDIPUCRS,1996.

RONALDO S. (Orgs.).**Educação Ambiental**: repensando o espaço da cidadania. São Paulo: Cortez, 2005.

RUSCHEINSKY, A. **Educação Ambiental**: abordagens múltiplas.Porto Alegre: Artmed, 2002.

SANTOS, E. C. **Educação Ambiental**. Manaus: UEA Edições, 2007.

SORRENTINO, M.; TRAJBER, R.; BRAGA, T. **Cadernos do III Fórum de Educação Ambiental**. São Paulo: Gaia, 1995.

STOPPELLI, I. M. B. S.; MAGALHÃES, C.P. **Ciência esaúde coletiva**, 10, 2005.

TURATO, Egberto Ribeiro. **Tratado da metodologia da pesquisa clínico-qualitativa**. Petrópolis: Vozes.

VIAL, Sandra Regina Martini. **O direito à terra como terra de direito**:um estudo de caso do assentamento Lagoa do Junco.Porto Alegre: Evangraf, 2005.

Printed by Books on Demand GmbH, Norderstedt / Germany